Gerhard Frey

Elementare Zahlentheorie

vieweg studium

Grundkurs Mathematik

Diese Reihe wendet sich an den Studenten der mathematischen, naturwissenschaftlichen und technischen Fächer. Ihm – und auch dem Schüler der Sekundarstufe II – soll die Vorbereitung auf Vorlesungen und Prüfungen erleichtert und gleichzeitig ein Einblick in die Nachbarfächer geboten werden. Die Reihe wendet sich aber auch an den Mathematiker, Naturwissenschaftler und Ingenieur in der Praxis und an die Lehrer dieser Fächer.

Zu der Reihe vieweg studium gehören folgende Abteilungen:

Basiswissen, Grundkurs und Aufbaukurs
Mathematik, Physik, Chemie, Biologie

Gerhard Frey

Elementare Zahlentheorie

Friedr. Vieweg & Sohn
Braunschweig / Wiesbaden

CIP-Kurztitelaufnahme der Deutschen Bibliothek

Frey, Gerhard:
Elementare Zahlentheorie/Gerhard Frey. –
Braunschweig; Wiesbaden: Vieweg, 1984.
(Vieweg-Studium; 56: Grundkurs Mathematik)
ISBN 978-3-528-07256-8

NE: GT

Dr. rer. nat. *Gerhard Frey* ist Professor im Fachbereich Mathematik der Universität des Saarlandes, 6600 Saarbrücken.

1984

Satz: Vieweg, Braunschweig

ISBN 978-3-528-07256-8 ISBN 978-3-322-88793-1 (eBook)
DOI 10.1007/978-3-322-88793-1

Vorwort

Die folgende Einführung in die Zahlentheorie entstand aus Vorlesungen, die ich an der Universität des Saarlandes gehalten habe; sie umfaßt ziemlich genau den Stoff, der im Verlauf eines Wintersemesters im Rahmen der Vorlesung über „Elementare Zahlentheorie" behandelt wurde.

Diese Vorlesung hat zwei Ziele: Einerseits sollen möglichst viele Studenten angesprochen werden, denen die Vorlesung „mathematische Allgemeinbildung" auf dem Gebiet der Zahlentheorie vermitteln soll; die für die Vorlesung notwendigen Voraussetzungen z.B. auf dem Gebiet der Algebra sollen also möglichst gering sein. Tatsächlich sollte die Kenntnis der algebraischen Grundstrukturen und ihrer elementarsten Eigenschaften genügen; wenn an einigen Stellen etwas weitergehende Überlegungen erforderlich sind, wird versucht, diese an Ort und Stelle bereitzustellen. Der Abschnitt über abelsche Gruppen kann als Beispiel dazu dienen. Natürlich muß man für diese Vorgehen auch bezahlen, oft ersetzt das Rechnen zu Fuß den eigentlich viel einleuchtenderen strukturellen Beweis, die lästigen Nachrechnungen bei Verknüpfungen von Restklassen sind ein deutliches Beispiel dafür.

Andererseits soll die Vorlesung interessierte Studenten auf die Algebraische Zahlentheorie vorbereiten; das Erreichen dieses Ziels sollte durch die Stoffauswahl unterstützt werden.

Neben der üblichen Teiler- und Kongruenz-Theorie in $\mathbb{Z}$ werden die Bewertungen von $\mathbb{Q}$ ausführlich diskutiert (einschließlich des Satzes von Ostrowski), die Theorie der p-adischen Zahlen (und zur Bequemlichkeit des Lesers, auch der reellen Zahlen) nimmt einen breiten Raum ein. Auf die Sätze über Nullstellen von Polynomen über p-adischen Körpern wird großen Wert gelegt, die Theorie der quadratischen Reste wird im Rahmen dieser Körper gegeben, und der Zusammenhang mit Hilbert-Symbolen wird ausführlich diskutiert. Als Beispiel für das Lokal-Global-Prinzip wird der Satz von Hasse-Minkowski für quadratische Formen über $\mathbb{Q}$ behandelt. Daß auch die quadratischen Zahlkörper als bewährtes Bindeglied zwischen elementarer und algebraischer Zahlentheorie behandelt werden, versteht sich von selbst. Für manchen Geschmack wird die „klassische" elementare Zahlentheorie, z.B. die mehr kombinatorisch ausgerichteten Sätze und die Diskussion von Zahlen mit bestimmten Eigenschaften (Fermatzahlen, ...) zu kurz gekommen sein. Ich hoffe aber, daß der interessierte Leser soviel Handwerkszeug erwerben kann, daß er diese reizvollen Überlegungen durch geeignete Lektüre selbständig sich aneignen kann.

Die nach jedem Abschnitt eingefügten Übungsaufgaben sind zum größten Teil zu der Vorlesung gestellt worden, naturgemäß dienen sie deshalb überwiegend zum Einarbeiten in den gerade behandelten Stoff oder auch einfach zum Nachprüfen des Verständnisses. Zum geringen Teil sind „Routinebeweise" aus der Vorlesung in die Übungen verschoben worden (z.B. Nachprüfen von Wohldefiniertheit von Abbildungen). Es wird auffallen, daß einige Übungsaufgaben „an der falschen Stelle stehen", d.h. daß sie etwas später mit passender Theorie eleganter gelöst werden können. Das Lösen der Übungsaufgaben ist nach meiner Meinung ein sehr wichtiger Bestandteil des Erarbeitens des Stoffes der Vorlesung, trotzdem habe ich zu vermeiden versucht, Ergebnisse von Übungsaufgaben an späterer Stelle im Text zu verwenden; lieber habe ich dann den entsprechenden Beweis durchgeführt.

Eine Ausarbeitung einer Kursusvorlesung kann und darf meiner Ansicht nach nicht den Anspruch auf Extravaganz und übertriebene Originalität erheben; es ist vielmehr klar, daß alles schon irgendwo steht und daß die Vorlesung aus vielen Quellen geschöpft hat. Eine der Hauptquellen für mich war, wie jeder Kundige sofort sieht, das schöne Buch von Borevič-Šafarevič über Zahlentheorie, besonders deutlich wird dies im 5. Kapitel.

Die Darstellung im Kapitel IV ist durch ein Skriptum von Herrn Prof. Roquette über p-adische Zahlen beeinflußt, im Kapitel über quadratische Körper verdanke ich Herrn Prof. Ritter wesentliche Hinweise. Mein Dank gebührt auch den Studenten, Mitarbeitern und Kollegen an der Universität des Saarlandes, die durch Zuhören, Betreuung der Vorlesung und Ratschläge mir geholfen haben, insbesondere muß ich hier Herrn Dr. C. G. Schmidt erwähnen. Nicht zuletzt aber möchte ich Frl. Wilk für geduldiges Umsetzen meiner Handschrift in ein wohl gegliedertes Schreibmaschinenschriftbild und dem Vieweg-Verlag für die Aufnahme meiner Ausarbeitung in seine „Grundkurs Mathematik"-Reihe und die gute Zusammenarbeit während der Herstellung des Buches danken.

Saarbrücken, im Januar 1983 *Gerhard Frey*

Inhaltsverzeichnis

Symbolverzeichnis

$\mathbb{P}$	Menge der Primzahlen	8
$\mathbb{N}$	Natürliche Zahlen	1
$\mathbb{Z}$	Ganze Zahlen	2
$\mathbb{Z}/m$	Kongruenzklassen mod m	16
$\mathbb{Q}$	Rationale Zahlen	4
$\mathbb{R}$	Reelle Zahlen	32
$\mathbb{Z}[i]$	Gaußsche ganze Zahlen	14
$\mathbb{C}$	Komplexe Zahlen	95
$\mathbb{Z}_{(p)}$	Rationale Zahlen, deren Nenner nicht durch p teilbar ist	9
$\mathbb{Z}_p$	ganze p-adische Zahlen	48
$\mathbb{Q}_p$	p-adische Zahlen	50
$a \leq b$	a kleiner oder gleich b	1
$a \mid b$	a teilt b	5
$a \nmid b$	a teilt nicht b	5
ggT	größter gemeinsamer Teiler	10
kgV	kleinstes gemeinsames Vielfaches	10
$\mid\ \mid$	absoluter Betrag	31
$[x]$	Für $x \in \mathbb{R}$: größte ganze Zahl $\leq x$	37
w_p	p-adische Bewertung	9
φ_p	p-adischer Betrag	47
#	Mächtigkeit einer Menge	5
ord(x)	Ordnung eines Elementes x aus einer Gruppe	18
$\langle x \rangle$	von x erzeugte Gruppe	18
$\oplus$	direkte Summe (bei Gruppen)	19
$\left(\frac{x}{m}\right)$	Legendre- bzw. Jacobisymbol	67 72
$\left(\frac{a, b}{p}\right)$	Hilbert-Symbol	76
$a \underset{2}{=} b$	a ist quadratgleich zu b (in einer multiplikativen Gruppe)	74

Kapitel I Teilbarkeitslehre

§ 1 Die rationalen Zahlen

Elementare Zahlentheorie hat als Untersuchungsgegenstand die Menge der natürlichen Zahlen, die Methoden sind „elementar" in dem Sinne, daß keine „höheren" analytischen und algebraischen Hilfsmittel herangezogen werden. Für das Folgende genügt die Kenntnis der einfachsten Eigenschaften der algebraischen Grundstrukturen. (Gruppe, Ring, Körper (grundsätzlich kommutativ).)
Sei also $\mathbb{N} = \{1, 2, 3, \ldots, n, n+1, \ldots\}$ die Menge der natürlichen Zahlen. Wir wollen folgende Eigenschaften von $\mathbb{N}$ benutzen:[1])

(1) *Es gibt eine Verknüpfung*

$$+: \mathbb{N} \times \mathbb{N} \to \mathbb{N},$$

die kommutativ und assoziativ ist.

(2) $\mathbb{N}$ *ist total geordnet: Für* $n_1, n_2 \in \mathbb{N}$ *ist* $n_1 > n_2$, *falls es ein* $m \in \mathbb{N}$ *mit* $n_1 = n_2 + m$ *gibt. Es ist* $n_1 \neq n_2$, *falls* $n_1 > n_2$.

Schreibweise. $n_1 \geq n_2$ heißt: Es ist $n_1 > n_2$ oder $n_1 = n_2$; $n_1 < n_2$ heißt: Es ist $n_2 > n_1$; $n_1 \leq n_2$ heißt: Es ist $n_1 < n_2$ oder $n_1 = n_2$.

(3) $\mathbb{N}$ *ist nicht gleich der leeren Menge* $(1 \in \mathbb{N})$ *und „hört deshalb auch nicht auf": Zu* $n \in \mathbb{N}$ *existiert* $m \in \mathbb{N}$ *mit* $m > n$ (*etwa* $m = n + 1$).

(4) *Jede nichtleere Menge* $M \subset \mathbb{N}$ *besitzt ein kleinstes Element („Prinzip der vollständigen Induktion").*

Beispiel: 1 ist das kleinste Element von $\mathbb{N}$, für $n \in \mathbb{N}$ ist $n + 1$ die kleinste natürliche Zahl größer als n.

(5) *Es gibt eine Verknüpfung*

$$\cdot: \mathbb{N} \times \mathbb{N} \to \mathbb{N}.$$

Man kann $\cdot$ *folgendermaßen definieren: Seien* $n_1, n_2 \in \mathbb{N}$. *Dann ist*

$$n_1 \cdot n_2 = (\underbrace{n_2 + \ldots + n_2}_{n_1 \text{ Summanden}}).$$

(*Insbesonders ist also* $1 \cdot n = n \cdot 1 = n$)
$\cdot$ *ist kommutativ, assoziativ, und es gelten die Distributivgesetze für* $(+, \cdot)$.

[1]) Für eine streng axiomatische Einführung von $\mathbb{N}$ siehe [10].

Ziehen wir ein paar einfache Folgerungen aus diesen Eigenschaften:

1.1. *Für* $n_1, n_2 \in \mathbb{N}$ *und* $n_2 \neq 1$ *ist* $n_1 \cdot n_2 > n_1$.

Beweis. Da $n_2 \neq 1$ ist, ist $n_2 > 1$, also gibt es ein $m \in \mathbb{N}$ mit $n_2 = 1 + m$. Daher ist

$$n_1 \cdot n_2 = n_1 \cdot (1 + m) = n_1 + n_1 \cdot m > n_1$$

nach Definition.

1.2. *Zu* $n_1, n_2 \in \mathbb{N}$ *gibt es ein (minimales)* $n_0 \in \mathbb{N}$, *so daß für alle* $n \geq n_0$ *gilt*

$$n \cdot n_1 > n_2. \square$$

Beweis. $M := \{n \in \mathbb{N}; n \cdot n_1 > n_2\}$ ist nicht leer, da $(n_2 + 1) \cdot n_1 = n_2 \cdot n_1 + n_1 > n_2$ ist (s. 1.1). Wählen wir $n_0 \in M$ minimal, so haben wir das gesuchte Element gefunden. □

1.3. (Beweis durch vollständige Induktion). *Sei für jedes* $n \in \mathbb{N}$ *eine mathematische Aussage* $E(n)$ *gemacht. Es gelte:*

i) $E(1)$ *ist wahr (Induktionsanfang), und für alle* $n \in \mathbb{N}$ *gilt*

ii) *Falls* $E(n')$ *wahr ist für* $1 \leq n' \leq n$, *dann ist auch* $E(n + 1)$ *wahr.*

Dann ist $E(m)$ *wahr für alle* $m \in \mathbb{N}$.

Beweis. Sei $M = \{m \in \mathbb{N}$ mit $E(m)$ nicht wahr$\}$. Falls $M \neq \emptyset$, sei $m_0 \in M$ minimal (Eigenschaft (4)). Da $E(1)$ wahr ist, ist $m_0 > 1$, also ist $m_0 = 1 + m'$ mit $m' \in \mathbb{N}$, und $E(n')$ ist wahr für $1 \leq n' \leq m'$. Nach ii) ist dann aber auch $E(m_0)$ wahr, und wir haben einen Widerspruch. □

1.4. *Es gelten folgende „Kürzungsregeln": Für alle* $m_1, m_2 \in \mathbb{N}$ *gilt*

i) *Falls* $m_1 + n = m_2 + n$, *dann ist* $m_1 = m_2$.

ii) *Falls* $m_1 \cdot n = m_2 \cdot n$, *dann ist* $m_1 = m_2$.

Der Beweis wird als Übungsaufgabe 1 empfohlen.

Erweiterungen des Zahlbereiches

Wir haben die Verknüpfungen + und · auf der Menge $\mathbb{N}$, wir können aber nicht immer die Gleichungen

$$n_1 + x = n_2 \qquad (n_i \in \mathbb{N}) \qquad \text{mit} \qquad x \in \mathbb{N}$$

lösen. Deshalb konstruieren wir, ausgehend von $\mathbb{N}$, größere Mengen, in denen diese Gleichungen Sinn und Lösungen haben.

Wir betrachten die Paarmenge $\mathbb{N} \times \mathbb{N} = \{(n_1, n_2); n_i \in \mathbb{N}\}$ und *definieren:* $(n_1, n_2) \sim (n_1', n_2')$ genau dann, wenn $n_1 + n_2' = n_1' + n_2$. Wie man sofort sieht, ist $\sim$ eine Äquivalenzrelation (benutze 1.4).

Definition. $\mathbb{Z} := \mathbb{N} \times \mathbb{N} / \sim$ (d. h.: Die Elemente von $\mathbb{Z}$ sind die Äquivalenzklassen von $\mathbb{N} \times \mathbb{N}$ bzgl. $\sim$). Wir nennen $\mathbb{Z}$ die *Menge der ganzen Zahlen.*

Bezeichnung. Seien $n_1, n_2 \in \mathbb{N}$. Dann wird mit $(n_1 - n_2)$ die *Klasse* von (n_1, n_2) in $\mathbb{Z}$ bezeichnet. Zu jeder ganzen Zahl z gibt es $n_1, n_2 \in \mathbb{N}$ mit $(n_1 - n_2) = z$ (also: $(n_1, n_2) \in z$).

Definition. Seien $(n_1 - n_2)$ und $(n_1' - n_2')$ zwei beliebige ganze Zahlen. Dann sei

$$(n_1 - n_2) + (n_1' - n_2') := ((n_1 + n_1') - (n_2 + n_2'))$$

und

$$(n_1 - n_2) \cdot (n_1' - n_2') := ((n_1 \cdot n_1' + n_2 \cdot n_2') - (n_1 \cdot n_2' + n_2 \cdot n_1'))$$

(wobei $\stackrel{+}{\cdot}$ auf der rechten Seite die Verknüpfungen von $\mathbb{N}$ sind.

Die Verifikation der folgenden Proposition kann dem Leser überlassen werden.

Proposition 1.5. *+ und · sind wohldefinierte Verknüpfungen von* $\mathbb{Z} \times \mathbb{Z}$ *in* $\mathbb{Z}$. $(\mathbb{Z}, +)$ *ist eine abelsche Gruppe, das Nullelement* 0 *ist* $(1 - 1)$, *zu* $(n_1 - n_2)$ *ist* $(n_2 - n_1)$ *das Inverse.*

$(\mathbb{Z}, +, \cdot)$ *ist ein kommutativer Ring mit dem Einselement* (2–1) *ohne (echte) Nullteiler, d.h. falls für zwei ganze Zahlen* z_1 *und* z_2 $z_1 \cdot z_2 = 0$ *gilt, so ist* $z_1 = 0$ *oder* $z_2 = 0$.

Wie findet man die natürlichen Zahlen in $\mathbb{Z}$ wieder?

Definition: $\varphi: \mathbb{N} \to \mathbb{Z}$ ist die Abbildung, die $n \in \mathbb{N}$ das Element $((n+1) - 1) \in \mathbb{Z}$ zuordnet.

Proposition 1.6. φ *ist injektiv und mit + und · verträglich. Es ist* $\mathbb{Z} = -\varphi(\mathbb{N}) \cup \{0\} \cup \varphi(\mathbb{N})$, *und für* $n_1, n_2 \in \mathbb{N}$ *gilt:* $n_1 > n_2$ *genau dann, wenn* $(n_1 - n_2) \in \varphi(\mathbb{N})$ *ist.*

Beweis. Sei für $n, n' \in \mathbb{N}$ $\varphi(n) = \varphi(n')$. Dann ist $(n+1, 1) \sim (n'+1, 1)$, oder $n + 2 = n' + 2$. Aus 1.4 folgt: $n = n'$.

Es ist

$$\begin{aligned}
\varphi(n) + \varphi(n') &= ((n+1) - 1) + ((n'+1) - 1) = ((n + n' + 2) - 2) \\
&= ((n + n' + 1) - 1) = \varphi(n + n'), \\
\varphi(n) \cdot \varphi(n') &= ((n+1) - 1) \cdot ((n'+1) - 1) = \\
&= (((n+1) \cdot (n'+1) + 1) - (n + 1 + n' + 1)) \\
&= ((n \cdot n' + 1) - 1) = \varphi(n \cdot n').
\end{aligned}$$

Es gilt $n_1 > n_2$ dann und nur dann, wenn es ein $m \in \mathbb{N}$ mit

$$1 + n_1 = n_2 + m + 1 \text{ gibt, d. h. } \varphi(m) = ((m+1) - 1) = (n_1 - n_2).$$

Sei $z \in \mathbb{Z}$ beliebig. $z = (n_2 - n_1)$. Es ist $z = 0$, falls $n_2 = n_1$ ist; $z \in \varphi(\mathbb{N})$, falls $n_2 > n_1$ ist; und $-z = (n_1 - n_2) \in \varphi(\mathbb{N})$, falls $n_1 > n_2$ ist.□

Aufgrund der Proposition 1.6 gestatten wir uns, $\varphi(\mathbb{N})$ mit $\mathbb{N}$ zu identifizieren: Wir fassen $\mathbb{N}$ als Teilmenge von $\mathbb{Z}$ auf. Weiter können wir eine Ordnung auf $\mathbb{Z}$ definieren, die die Ordnung von $\mathbb{N}$ fortsetzt:

Definition. Seien $z_1, z_2 \in \mathbb{Z}$. Dann ist $z_1 > z_2$, falls $z_1 - z_2 \in \mathbb{N}$.[2])
Es gelten die „üblichen" Regeln für das Rechnen mit Ungleichungen (vgl. Übungsaufgabe 5).

Mit $\mathbb{Z}$ haben wir zwar einen Ring gefunden, der $\mathbb{N}$ enthält (und minimal mit den Eigenschaften 1.6 ist), wir können aber noch nicht dividieren. Wir nützen aus, daß $\mathbb{Z}$ nullteilerfrei ist, um den *Quotientenkörper von* $\mathbb{Z}$ zu erhalten:

Sei $\widetilde{\mathbb{Q}} = \{(z_1, z_2) \in \mathbb{Z} \times \mathbb{Z}, z_2 \neq 0\}$.

Für (z_1, z_2) und $(z_1', z_2') \in \widetilde{\mathbb{Q}}$ definieren wir

$$(z_1, z_2) \sim (z_1', z_2'), \quad \text{falls} \quad z_1 \cdot z_2' = z_1' \cdot z_2 .$$

Dies ist wieder eine Äquivalenzrelation. Für die Klasse von (z_1, z_2) schreiben wir: z_1/z_2, und wir definieren

$$\mathbb{Q} := \widetilde{\mathbb{Q}}/\sim .$$

Die Elemente von $\mathbb{Q}$ heißen *rationale Zahlen.*

Definition der Addition und Multiplikation in $\mathbb{Q}$. Seien z_1/z_2 und z_1'/z_2' rationale Zahlen. Dann sei

$$\frac{z_1}{z_2} + \frac{z_1'}{z_2'} := \frac{z_1 \cdot z_2' + z_1' \cdot z_2}{z_2 \cdot z_2'}$$

$$\frac{z_1}{z_2} \cdot \frac{z_1'}{z_2'} := \frac{z_1 \cdot z_1'}{z_2 \cdot z_2'} .$$

Sei φ: $\mathbb{Z} \to \mathbb{Q}$ gegeben durch

$$z \to \frac{z}{1} .$$

Es gilt

Proposition 1.7. *Die Verknüpfungen + und* $\cdot$: $\mathbb{Q} \times \mathbb{Q} \to \mathbb{Q}$ *sind wohldefiniert.* $(\mathbb{Q}, +, \cdot)$ *ist ein Körper (zu* z_1/z_2 *ist* $-z_1/z_2$ *das Inverse bzgl. + und, (falls* $z_1 \neq 0$, z_2/z_1 *das Inverse bzgl.* $\cdot$), *und* φ: $\mathbb{Z} \to \mathbb{Q}$ *ist ein injektiver Ringhomomorphismus. Die Ordnung auf* $\mathbb{Z}$ *läßt sich eindeutig auf* $\mathbb{Q}$ *fortsetzen:* $z_1/z_2 > z_1'/z_2'$, *falls* $(z_1 z_2' - z_1' z_2) z_2 z_2' > 0$. *Falls* K *ein Körper ist, der einen zu* $\mathbb{Z}$ *isomorphen Unterring enthält, dann enthält* K *auch einen zu* $\mathbb{Q}$ *isomorphen Unterkörper.*

Der Beweis kann dem Leser überlassen werden. Wir werden wieder φ „vergessen" und haben also: $\mathbb{N} \subset \mathbb{Z} \subset \mathbb{Q}$.

Übungsaufgaben

1. Seien $m_1, m_2 \in \mathbb{N}$. Dann gilt:

a) Es ist $m_1 + n = m_2 + n$ genau dann, wenn $m_1 = m_2$ ist.
b) Es ist $m_1 \cdot n = m_2 \cdot n$ genau dann, wenn $m_1 = m_2$ ist.

---

2) Wir schreiben ab jetzt $z_1 + (-z_2) =: z_1 - z_2$ für $z_i \in \mathbb{Z}$.

2. a) Sei M eine endliche Menge, und φ: $M \to M$ eine Abbildung. Dann ist φ injektiv genau dann, wenn φ surjektiv ist.
   b) Zeigen Sie, daß in einer Stadt mit über 500000 Einwohnern sicher mindestens zwei Einwohner dieselbe Anzahl von Haaren auf dem Kopf haben. (Man darf sicher sein, daß die Anzahl der Kopfhaare eines Menschen stets kleiner als 300000 ist.)

3. Man beweise durch vollständige Induktion:
   a) $\sum_{\nu=1}^{n} \nu^2 = n(n+1)(2n+1)/6$.
   b) Sei M eine endliche Menge, $\mathfrak{P}(M)$ die Potenzmenge von M. Dann ist $\#\mathfrak{P}(M) = 2^{\#M}$.

4. Für welche natürlichen Zahlenpaare (n, k) gilt die Ungleichung: $(1+n)^k < n \cdot k$?

5. Seien $x, y, a \in \mathbb{Q}$. Dann gilt:
   a) Für $0 < x \leq y$ ist $x^{-1} \geq y^{-1}$.
   b) Für $x \leq y$ ist $a + x \leq a + y$.
   c) Für $x \leq y, a \geq 0$ ist $ax \leq ay$.
   d) Für $x \leq y$ ist $-x \geq -y$.

§ 2 Teiler

Ein großer Teil der Zahlentheorie beschäftigt sich mit der multiplikativen Struktur von $\mathbb{Z}$.

Wir betrachten zunächst etwas allgemeiner einen Ring R, der ein kommutativer nullteilerfreier Ring mit einem Einselement (= 1_R) sein soll. Sei 0_R das Nullelement bzgl. der Addition.

Definition. Seien $a, b \in R$. Dann heißt a ein Teiler von b, falls es ein $c \in R$ gibt mit $a \cdot c = b$. Schreibweise: $a|b$.

b heißt dann Vielfaches von a.

$a \in R$ heißt *Einheit*, falls $a | 1_R$. $R^\times$ sei die Menge aller Einheiten von R.

a heißt *assoziiert* zu b, falls $a | b$ und $b | a$.

Es gelten folgende, einfach zu beweisende Rechenregeln:

Lemma 2.1. *Alle im folgenden auftretenden Elemente sind aus* R.

1. $a | a$.
2. $|$ *ist transitiv.*
3. *Es ist* $\epsilon \in R^\times$ *genau dann, wenn* ϵ alle $a \in R \setminus \{0_R\}$ teilt.
4. *Falls* $c \in R \setminus \{0_R\}$ *ist, dann gilt:* $a | b$ *genau dann, wenn* $ac | bc$.
5. *Es ist* a *assoziiert zu* b *genau dann, wenn* $a = \epsilon b$ *mit* $\epsilon \in R^\times$.
6. *Falls* $a | b_1$ *und* $a | b_2$, *dann gilt für alle* $c_1, c_2 \in R$: $a | (c_1 b_1 + c_2 b_2)$.

Bemerkung. Aus Lemma 2.1 folgt: Assoziierte Zahlen haben dasselbe Teilerverhalten (sie teilen dieselben Elemente von R und haben die gleichen Teiler).

Definition. Seien $a, b \in R$ und $b \mid a$. b heißt *echter Teiler* von a, falls $b \notin R^\times$ und $b \neq \epsilon \cdot a$ ($\epsilon \in R^\times$).

Sei $a \notin R^\times$, $a \neq 0$. a heißt *unzerlegbar* oder *irreduzibel,* falls a keinen echten Teiler besitzt. a heißt *Primelement,* falls aus $a \mid b \cdot c$ folgt $a \mid b$ oder $a \mid c$.

Lemma 2.2. *Sei* a *ein Primelement. Dann ist* a *unzerlegbar.*

Beweis. Sei b ein Teiler von a. Dann gibt es $c \in R$ mit $b \cdot c = a$, also $a \mid b \cdot c$, und somit $a \mid b$ oder $a \mid c$.

Falls $a \mid b$, so ist $a = \epsilon \cdot b$. Falls $a \mid c$, dann ist $b \cdot c = b \cdot c_1 \cdot a = a$, also $a(bc_1 - 1_R) = 0_R$, und damit $b \in R^\times$. Also ist b in keinem Fall ein echter Teiler, und somit ist a irreduzibel. □

Sei ab nun $R = \mathbb{Z}$. Wir bestimmen zunächst $\mathbb{Z}^\times$: Sei $\epsilon \in \mathbb{Z}^\times$, dann ist $\epsilon \cdot \epsilon_1 = 1$ für geeignetes $\epsilon_1 \in \mathbb{Z}$. Sei $\epsilon > 0$. Dann muß auch $\epsilon_1 > 0$ sein, und aus 1.1 folgt $\epsilon = \epsilon_1 = 1$. Sei $\epsilon < 0$. Dann ist $\epsilon_1 < 0$, und $(-\epsilon) \cdot (-\epsilon_1) = 1$. Somit ist $\epsilon = -1$. Also haben wir $\mathbb{Z}^\times = \{1, -1\}$. Wir können also 5. aus Lemma 2.1 verschärfen: $a \mid b$ und $b \mid a$ genau dann, wenn $a = \pm b$.

Alle Teiler von $a \in \mathbb{Z}$ bekommt man, indem man zu allen positiven Teilern das Negative dieser Teiler hinzunimmt.

Insbesondere ist eine Zahl irreduzibel, falls sie keine echten positiven Teiler besitzt.

Lemma 2.3. *Sei* $a \in \mathbb{Z}$, $a > 1$. *Dann besitzt* a *einen minimalen positiven unzerlegbaren Teiler.*

Beweis. Sei $M = \{m \in \mathbb{N}, m > 1, m \mid a\}$. $M \neq \emptyset$, da $a \in M$. Sei $m_0 \in M$ minimal. Sei n ein (positiver) Teiler von m_0. Falls $n \neq 1$ ist, ist auch $n \in M$, also muß dann $n = m_0$ sein. □

Satz 2.4 (Euklid). *Es gibt unendlich viele positive unzerlegbare Zahlen:*

Beweis. Seien $m_1, \ldots, m_n$ verschiedene unzerlegbare positive Zahlen. Sei $a := (m_1 \cdot \ldots \cdot m_n) + 1$. (Auch das leere Produkt ist mit dem Wert 1 zugelassen.) Dann ist $a > 1$.

Sei m_{n+1} ein unzerlegbarer Teiler von a (nach Lemma 2.3). Dann ist $m_{n+1} \neq m_i$ ($i = 1, \ldots, n$), da sonst $m_{n+1} \mid a$ und $m_{n+1} \mid m_1 \cdot \ldots \cdot m_n$, also auch $m_{n+1} \mid a - (m_1 \cdot \ldots \cdot m_n) = 1$, und somit $m_{n+1} = 1$ wäre. Also ist m_{n+1} eine neue irreduzible positive Zahl, und wir können das Verfahren fortsetzen. □

Wir wollen nun zeigen, daß für den Ring $\mathbb{Z}$ die Begriffe „Primelement" und „unzerlegbar" äquivalent sind. Dazu beginnen wir einen neuen Paragraphen.

Übungsaufgabe

a) Finden Sie alle unzerlegbaren natürlichen Zahlen $n \leq 100$. (Vorschlag: Bestimmen Sie das kleinste unzerlegbare Element. Streichen Sie bei größeren Zahlen alle Vielfachen dieses Elements. Die kleinste übrigbleibende Zahl ist unzerlegbar „usw.")

b) Fassen Sie das Vorgehen in a) zu einem programmierbaren Algorithmus zusammen und verfassen Sie ein Programm in einer Ihnen bekannten Programmiersprache.

§ 3 Zerlegung in Primfaktoren

Satz 3.1. *Jedes* $a \in \mathbb{N}$ *besitzt eine bis auf die Reihenfolge der Faktoren eindeutige Produktdarstellung durch unzerlegbare positive Faktoren.*

Beweis. Wir machen Induktion.

1. Existenz.

Falls a unzerlegbar oder $= 1$ ist, ist alles klar.

Sei nun $a > 1$ und der Satz für alle $n < a$ bewiesen. Sei p ein irreduzibler positiver Teiler von a, $a = p \cdot b$. Dann ist $1 < b < a$, und deshalb $b = p_1 \cdot \ldots \cdot p_k$ mit geeigneten unzerlegbaren positiven Elementen. Also ist

$$a = p \cdot p_1 \cdot \ldots \cdot p_k$$

eine gesuchte Darstellung.

2. Eindeutigkeit.

Sei $a = p_1 \cdot \ldots \cdot p_k = q_1 \cdot \ldots \cdot q_l$. Falls etwa $p_i = q_j$ ist für $1 \leq i \leq k$ und $1 \leq j \leq l$, können wir p_i kürzen und die Induktionsvoraussetzung auf a/p_i anwenden.

Sei $p_i \neq q_j$ für alle i, j. Setze $p_1 = p$, $q_1 = q$, $a = p \cdot b = q \cdot c$. Da $c < a$ ist, ist wegen der Eindeutigkeit der Zerlegung von c p kein Teiler von c.

Nehmen wir an: $p < q$ (der andere Fall geht entsprechend). Dann ist $c < b$, und es gilt mit $a' := a - pc = (q - p)c = p(b - c)$: Die Zahlen a', $b - c$, $q - p$ und c sind positiv und kleiner als a, besitzen also eine eindeutige Zerlegung in unzerlegbare Elemente. $p \mid a'$, also: $p \mid (q - p)c$. Es folgt $p \mid q - p$, und daher $p \mid q$. Dies ist wegen der Unzerlegbarkeit von q ein Widerspruch: Es folgt also: Es gibt ein j mit $p = q_j$, und wir haben die Eindeutigkeit der Zerlegung von a bewiesen. Vollständige Induktion liefert nun den Beweis des Satzes. □

Korollar 3.2. $p \in \mathbb{Z}$ *ist Primelement genau dann, wenn* p *unzerlegbar ist.*

Beweis. Lemma 2.2 liefert die eine Richtung.

Wir nehmen nun an, daß p unzerlegbar ist, und wir können ohne Einschränkung annehmen, daß p positiv ist. Seien $a, b \in \mathbb{Z}$ mit $p \nmid a$, $p \nmid b$.

Seien wieder o. E. $a, b > 0$, $a = p_1 \cdot \ldots \cdot p_l$, $b = q_1 \cdot \ldots \cdot q_n$ eine Zerlegung in unzerlegbare Elemente. Da $p \neq p_i, q_j$ ($1 \le i \le l$, $1 \le j \le n$) ist, folgt: $p \nmid a \cdot b = p_1 \cdot \ldots \cdot p_l \cdot q_1 \cdot \ldots \cdot q_n$. Also ist p ein Primelement. □

Definition. Ein positives Primelement heißt *Primzahl.* Die Menge der Primzahlen wird mit $\mathbb{P}$ bezeichnet.

Korollar 3.3. *Es gibt unendlich viele Primzahlen.*

Satz 2.3 und Korollar 3.2 liefern den Beweis.

Korollar 3.4. *Sei* $a \in \mathbb{Q} \setminus \{0\}$. *Dann gibt es eindeutig bestimmte paarweise verschiedene Primzahlen* $p_1, \ldots, p_n$ *und ganze Zahlen* $\alpha_1, \ldots, \alpha_n$, *die verschieden von* 0 *sind, so daß*

$$a = \epsilon \cdot \prod_{i=1}^{n} p_i^{\alpha_i}$$

ist mit $\epsilon = 1$, *falls* $a > 0$, *und* $\epsilon = -1$, *falls* $a < 0$ *ist. Die Elemente* $\alpha_1, \ldots, \alpha_n$ *sind alle positiv genau dann, wenn* $a \in \mathbb{Z}$.

Beweis. Sei $a = \pm 1$. Dann nehmen wir zur Darstellung von a das leere Produkt.
Sei $a \in \mathbb{Z}$. Falls $a > 1$ ist, liefert der Satz 3.1 mit Korollar 3.2 die Behauptung (mit $\epsilon = 1$).
Sei $a < -1$. Dann ist $(-1)a > 1$, und daher folgt die Behauptung (mit $\epsilon = -1$).
Sei $a \in \mathbb{Q}$, $a \neq 0$. Dann besitzt a eine Darstellung $a = q/r$ mit $q, r \in \mathbb{Z} \setminus \{0\}$. Wir nennen die Darstellung gekürzt, falls kein echter Teiler von q ein Teiler von r ist und umgekehrt. Es ist mit Hilfe von Satz 3.1 und der Definition von q/r leicht einzusehen, daß solch eine gekürzte Darstellung immer existiert. Nehmen wir noch o. E. an: $r > 0$.
Sei $q = \epsilon \cdot (p_1^{\alpha_1} \ldots p_s^{\alpha_s})$, $r = q_1^{\beta_1} \ldots q_t^{\beta_t}$ mit p_i, q_j Primzahlen und $\alpha_i > 0, \beta_i > 0$.
Dann ist

$$a = \epsilon \cdot \left(\prod_{i=1}^{n} p_i^{\alpha_i}\right) \cdot \prod_{j=1}^{n} q_j^{-\beta_j},$$

und wir haben auch für a die gesuchte Darstellung gefunden. a liegt in $\mathbb{Z}$ genau dann, wenn $r \mid q$, und das heißt (bei gekürzter Darstellung) $r = 1$, und somit ist das zweite Produkt leer. □

Korollar 3.4 gestattet es uns, folgende Funktion zu definieren:
Sei p eine Primzahl, $a \in \mathbb{Q} \setminus \{0\}$.

Sei $a = \epsilon \cdot \prod_{i=1}^{n} p_i^{\alpha_i}$. Dann ist

$$w_p(a) := \begin{cases} \alpha_i, & \text{falls} \quad p = p_i \in \{p_1, \ldots, p_n\} \\ 0, & \text{falls} \quad p \notin \{p_1, \ldots, p_n\} \end{cases} .$$

Wir setzen $w_p(0) = \infty$ (dies ist ein Symbol mit den Rechenregeln: $\infty + \infty = \infty$, $z + \infty = \infty$ für $z \in \mathbb{Z}$ und $\infty > z$ für alle $z \in \mathbb{Z}$), und erhalten damit zu p eine Funktion

$$w_p : \mathbb{Q} \to \mathbb{Z} \cup \{\infty\}.$$

w_p heißt die *p-adische Bewertung von* $\mathbb{Q}$. Wir sammeln die Eigenschaften von w_p:

Proposition 3.5.

1. *Es ist* $w_p(a) = \infty$ *genau dann, wenn* $a = 0$ *ist.*
2. $w_p(a \cdot b) = w_p(a) + w_p(b)$ *für alle* $a, b \in \mathbb{Q}$.
3. $w_p(a + b) \geq \text{Min}\,\{w_p(a), w_p(b)\}$ *für alle* $a, b \in \mathbb{Q}$.
4. $w_p(a + b) = \text{Min}\,\{w_p(a), w_p(b)\}$, *falls* $w_p(a) \neq w_p(b)$.
5. $w_p(p) = 1$, $w_p(1) = 0$, $w_p(-a) = w_p(a)$.

Beweis. Nur 3. und 4. sind nicht sofort klar.

Seien also $a, b \in \mathbb{Q}$. Falls a oder b gleich 0 ist, ist 3. und 4. richtig.

Seien $a, b \neq 0$. Dann ist $a = p^{w_p(a)} \cdot r_0/s_0$ und $b = p^{w_p(b)} \cdot u_0/v_0$, und $p \nmid r_0 \cdot s_0 \cdot u_0 \cdot v_0$. Sei $w_p(a) \leq w_p(b)$ (o. E.). Dann haben wir:

$$a + b = p^{w_p(a)} \left(\frac{r_0}{s_0} + p^{w_p(b) - w_p(a)} \cdot \frac{u_0}{v_0} \right)$$

$$= p^{w_p(a)} \left(\frac{r_0 \cdot v_0 + p^{w_p(b) - w_p(a)} \cdot u_0 \cdot s_0}{s_0 \cdot v_0} \right) = p^{w_p(a)} \cdot c.$$

Da $p \nmid s_0 \cdot v_0$, folgt $w_p(c) = w_p(r_0 \cdot u_0 + p^{w_p(b) - w_p(a)} \cdot u_0 \cdot s_0) \geq 0$, und somit

$$w_p(a + b) \geq w_p(a) = \text{Min}(w_p(a), w_p(b)).$$

Falls $w_p(a) < w_p(b)$, dann teilt p nicht $r_0 \cdot v_0 + p^{w_p(b) - w_p(a)} \cdot u_0 \cdot s_0$, da sonst p auch $r_0 \cdot v_0$ teilen würde, also ist in diesem Fall $w_p(c) = 0$, und damit $w_p(a + b) = \text{Min}(w_p(a), w_p(b))$.□

Sei $\mathbb{Z}_{(p)} := \{x \in \mathbb{Q};\, w_p(x) \geq 0\}$, $m_{(p)} := \{x \in \mathbb{Q};\, w_p(x) > 0\}$. Dann gilt

Korollar 3.6. $\mathbb{Z}_{(p)}$ *ist ein Ring,* $m_{(p)}$ *ist eine additive Untergruppe von* $\mathbb{Z}_{(p)}$ *mit der Eigenschaft: Für alle* $z \in \mathbb{Z}_{(p)}$ *und* $m \in m_{(p)}$ *ist* $z \cdot m \in m_{(p)}$ *(d. h.* $m_{(p)}$ *ist ein Ideal von* $\mathbb{Z}_{(p)}$, *vgl. Definition auf* S. 13).

Beweis. $0 \in m_{(p)} \subset \mathbb{Z}_{(p)}$, und mit $z_1, z_2 \in \mathbb{Z}_{(p)}$ ist $w_p(z_1 - z_2) \geq 0$ (wegen 2. und 3. aus Korollar 3.5), ebenso: Für $m_1, m_2 \in m_{(p)}$: $w_p(m_1 - m_2) > 0$, und für $z \in \mathbb{Z}_{(p)}, m \in m_{(p)}$ ist $w_p(z \cdot m) = w_p(z) + w_p(m) > 0$.□

Proposition 3.7. *Es ist* $\bigcap_{p \in \mathbb{P}} \mathbb{Z}_{(p)} = \mathbb{Z}$.

Beweis. Aus Korollar 3.4 folgt für $a \neq 0$: Es ist $w_p(a) \geq 0$ für alle Primzahlen p genau dann, wenn $a \in \mathbb{Z}$.□

Korollar 3.8. *Seien* $a, b \in \mathbb{Z}\setminus\{0\}$. *Dann gilt:* $a \mid b$ *genau dann, wenn für alle Primzahlen* p $w_p(a) \leq w_p(b)$ *ist.*

Beweis. $a \mid b \Leftrightarrow b/a \in \mathbb{Z}$, also $w_p(b/a) \geq 0$ für alle Primzahlen, und (wegen $w_p(1/a) = -w_p(a)$): $w_p(b) \geq w_p(a)$. □

Größter gemeinsamer Teiler, kleinstes gemeinsames Vielfaches

Sei $n \in \mathbb{N}$, $\{a_1, \dots, a_n\} \subset \mathbb{Z}\setminus\{0\}$.

Definition. Der *größte gemeinsame Teiler* von $\{a_1, \dots, a_n\}$ wird definiert als die natürliche Zahl d, für die gilt:

1. $d \mid a_i$ $(1 \leq i \leq n)$.
2. Falls $d' \in \mathbb{N}$ und $d' \mid a_i$ $(1 \leq i \leq n)$, so gilt $d' \mid d$.

Schreibweise: $d = \mathrm{ggT}(a_1, \dots, a_n)$.

Das *kleinste gemeinsame Vielfache* von $\{a_1, \dots, a_n\}$ wird definiert als die natürliche Zahl k, für die gilt:

1. $a_i \mid k$ $(1 \leq i \leq n)$.
2. Falls $k' \in \mathbb{N}$ und $a_i \mid k'$ $(1 \leq i \leq n)$, so gilt $k \mid k'$.

Schreibweise: $k = \mathrm{kgV}(a_1, \dots, a_n)$.

Die Existenz (und Eindeutigkeit) wird durch folgenden Satz geliefert:

Proposition 3.9

1. *Es ist* $\mathrm{ggT}(a_1, \dots, a_n) = \prod_{p \in \mathbb{P}} p^{\min_{1 \leq i \leq n} \{w_p(a_i)\}}$.

2. *Es ist* $\mathrm{kgV}(a_1, \dots, a_n) = \prod_{p \in \mathbb{P}} p^{\max_{1 \leq i \leq n} \{w_p(a_i)\}}$.

Beweis. Man überlegt sich sofort, daß es für feste Elemente $a_1, \dots, a_n$ nur endlich viele Primzahlen p gibt, für die $\min_{1 \leq i \leq n} \{w_p(a_i)\} \neq 0$ oder $\max_{1 \leq i \leq n} \{w_p(a_i)\} \neq$ $\neq 0$ ist. Die auftretenden Produkte haben also einen Sinn. Proposition 3.9 folgt nun sofort aus Korollar 3.8 und den Definitionen.

Euklidischer Algorithmus („Teilen mit Rest")

Satz 3.10. *Sei* $a \in \mathbb{Z}, z \in \mathbb{Z}\setminus\{0\}$. *Dann gibt es eindeutig bestimmte* $q, r \in \mathbb{Z}$ *mit* $0 \leq r < |z|$ *und*

$$a = q \cdot z + r.$$

Beweis. Wir führen den Beweis für den Fall, daß $z > 0$ ist, durch.

Sei $a \geq 0$. Sei $M = \{m \in \mathbb{N}, m \cdot z > a\}$. Wegen 1.2 ist $M \neq \emptyset$. Sei $m_0 \in M$ minimal, d.h. $(m_0 - 1)z \leq a < m_0 z$. Dann ist $0 \leq a - (m_0 - 1)z < z$. Wähle

$q = m_0 - 1$ und $r = a - (m_0 - 1)z$. Sei $a < 0$, m_0 minimal mit $m_0 \cdot z > -a$. Dann ist wieder $(m_0 - 1)z \leq -a < m_0 z$. Falls $(m_0 - 1)z = -a$ ist, wähle $q = -(m_0 - 1)$, $r = 0$. Falls $(m_0 - 1)z \neq -a$ ist, wähle $q = -m_0$, $r = a + m_0 z$. □

Den im Satz 3.10 beschriebenen Vorgang nennt man *Teilen mit Rest.* Seine Bedeutung wird z. B. illustriert durch den „Euklidischen Algorithmus":

Satz 3.11. *Seien* $a_0, a_1 \in \mathbb{N}$, $a_1 \leq a_0$. *Dann kann man* $\mathrm{ggT}(a_0, a_1)$ *folgendermaßen berechnen:*

Zu a_0, a_1 *definiert man induktiv* $a_2, a_3, \ldots, a_N$ *durch*

$$\begin{aligned} a_0 &= q_1 a_1 + a_2 && (0 \leq a_2 < a_1) \\ a_1 &= q_2 a_2 + a_3 && (0 \leq a_3 < a_2) \\ &\vdots \\ a_{N-1} &= q_N a_N + a_{N+1} && \text{mit} \quad a_{N+1} = 0. \end{aligned}$$

Dabei trete bei a_N *zum ersten Mal Rest* 0 *bei der Teilung auf. Dann ist* $a_N = \mathrm{ggT}(a_0, a_1)$.

Bemerkung. Da die a_i eine echt absteigende Folge von natürlichen Zahlen bilden, ist man sicher, daß nach endlich vielen Schritten a_N erreicht wird.

Beweis. Sei $1 \leq k \leq N - 1$. Dann ist (wegen $a_{k-1} = q_k a_k + a_{k+1}$):

$$\mathrm{ggT}(a_k, a_{k+1}) = \mathrm{ggT}(a_k, a_{k-1} - q_k a_k) = \mathrm{ggT}(a_k, a_{k-1}).$$

Also folgt:

$$\mathrm{ggT}(a_0, a_1) = \mathrm{ggT}(a_{N-1}, a_N) = a_N. \square$$

Korollar 3.12. *Sei* $d = \mathrm{ggT}(a_0, a_1)$. *Dann gibt es zu* $c \in \mathbb{Z}$ *Elemente* $x_0, x_1 \in \mathbb{Z}$ *mit* $x_0 a_0 + x_1 a_1 = c$ *genau dann, wenn* $d \mid c$. *Die Zahlen* x_0 *und* x_1 *sind durch den Euklidischen Algorithmus berechenbar.*

Beweis. Sei $x_0 a_0 + x_1 a_1 = c$. Da d ein Teiler von a_0 und von a_1 ist, folgt $d \mid c$. Sei umgekehrt d ein Teiler von c: $c = \lambda \cdot d$. Falls wir x_0, x_1 mit $x_0 a_0 + x_1 a_1 = d$ finden, lösen $(\lambda x_0, \lambda x_1)$ das Problem für c.

Seien die Bezeichnungen wie in Satz 3.11. Dann ist

$$\begin{aligned} d = a_N &= a_{N-2} - q_{N-1} a_{N-1} = a_{N-2} - q_{N-1}(a_{N-3} - q_{N-2} a_{N-2}) = \\ &= (1 + q_{N-1} q_{N-2}) a_{N-2} - q_{N-1} a_{N-3} = \ldots = x_0 a_0 + x_1 a_1, \end{aligned}$$

wobei man x_0, x_1 durch sukzessives Einsetzen gewinnt. □

Übungsaufgaben

1. a) Unter $n + 1$ ganzen Zahlen $a_0, \ldots, a_n$ gibt es stets zwei, deren Differenzen durch n teilbar ist.
   b) Unter $n + 1$ beliebigen Zahlen aus $\{1, \ldots, 2n\}$ gibt es stets zwei, von denen die eine durch die andere teilbar ist.

2. Sei $2 \leq n, m \in \mathbb{N}$. Dann ist $\sum_{k=n}^{n+m} \frac{1}{k} \notin \mathbb{N}$.

3. Sei s eine reelle Zahl größer als 1. Dann konvergiert die unendliche Reihe

$\zeta(s) := \sum_{n=1}^{\infty} n^{-s}$, und es gilt die „Euler-Identität"

$$\zeta(s) = \prod_{p \in \mathbb{P}} \left(\frac{1}{1 - p^{-s}}\right)$$

$\zeta(s)$ heißt die *Riemannsche Zetafunktion.*

4. Für $m_1, m_2 \in \mathbb{N}$ gilt: $\mathrm{ggT}(m_1, m_2) \cdot \mathrm{kgV}(m_1, m_2) = m_1 \cdot m_2$.
Wie verallgemeinert sich diese Formel, wenn man $t \geq 2$ natürliche Zahlen $m_1, \ldots, m_t$ betrachtet.

5. Bestimme für die folgenden Zahlenpaare (a, b) den größten gemeinsamen Teiler und stelle diesen als $\mathbb{Z}$-Linearkombination von a und b dar:

$(a, b) = (100000001, 123456789)$.
$(a, b) = (163163, 329423)$.

6. a) Sei $m \in \mathbb{N}, g \in \mathbb{N} \setminus \{1\}$.
Zeige: Es gibt eine natürliche Zahl ν und für $0 \leq i < \nu$ eindeutig bestimmte Elemente $\alpha_i \in \mathbb{N}$ mit $0 \leq \alpha_i \leq g - 1$, so daß $\alpha_{\nu-1} \neq 0$ und
$m = \sum_{i=0}^{\nu-1} \alpha_i g^i$ ist („g-adische Zifferndarstellung von m").

b) Seien $a_0, a_1 \in \mathbb{N}$ mit $a_0 > a_1$. Sei $a_1 = \sum_{i=0}^{\nu-1} \alpha_i 10^i$ in 10-adischer Zifferndarstellung. Dann gilt:
Wendet man auf (a_0, a_1) den Euklidischen Algorithmus zur Bestimmung von $\mathrm{ggT}(a_0, a_1)$ an, so ist die Anzahl der benötigten Schritte $\leq 5\nu$.

7. (Teilersummen und vollkommene Zahlen)
a) Für natürliche Zahlen $n \in \mathbb{N}$ sei die *Summe der Teiler von* n definiert durch

$$\sigma(n) := \sum_{\substack{d \mid n \\ d \in \mathbb{N}}} d.$$

Man zeige:

i) $\sigma(n \cdot m) = \sigma(n) \cdot \sigma(m)$, falls $\mathrm{ggT}(n, m) = 1$.

ii) $\sigma(n) = \prod_{p \in \mathbb{P}} \frac{p^{w_p(n)+1} - 1}{p - 1}$.

iii) Falls $w_2(\sigma(n)) = 0$, so ist n oder 2n eine Quadratzahl.

b) **Definition:** $n \in \mathbb{N}$ heißt *vollkommen,* falls $\sigma(n) = 2n$
(z. B. $n = 6, 28, 496, 8128, \ldots$?).
Zeige:

i) Seien p_1, p_2 zwei verschiedene Primzahlen ungleich 2 und $\alpha, \beta \in \mathbb{N}$. Dann ist $p_1^{\alpha} \cdot p_2^{\beta}$ nicht vollkommen.

ii) Falls $2 \mid n$, dann ist n vollkommen genau dann, wenn $n = 2^{s-1}(2^s - 1)$ mit $s \in \mathbb{N}$ und $2^s - 1 \in \mathbb{P}$.

§ 4 Ideale in $\mathbb{Z}$

Definition. Sei R ein kommutativer Ring. $\mathfrak{a} \subset R$ heißt Ideal, falls $(\mathfrak{a}, +)$ eine Untergruppe von R ist und falls für $r \in R, a \in \mathfrak{a}$ gilt: $r \cdot a \in \mathfrak{a}$.

$\mathfrak{a}$ heißt Hauptideal, falls es ein $r \in R$ gibt mit $\mathfrak{a} = \{x \cdot r; x \in R\}$. Schreibweise: $\mathfrak{a} = (r) = R \cdot r = r \cdot R$.

$\mathfrak{a}$ heißt Primideal, falls aus $r_1 \cdot r_2 \in \mathfrak{a}$ folgt: $r_1 \in \mathfrak{a}$ oder $r_2 \in \mathfrak{a}$.

Lemma 4.1. *$\mathfrak{a} \subset \mathbb{Z}$ ist Ideal genau dann, wenn $\mathfrak{a}$ eine Untergruppe (bzgl. +) von $\mathbb{Z}$ ist.*

Beweis. Sei $(\mathfrak{a}, +)$ eine Untergruppe von $\mathbb{Z}$. Dann ist mit $a \in \mathfrak{a}$ auch $n \cdot a = a + \ldots + a$ und $-na = (-a) + \ldots + (-a) \in \mathfrak{a}$. □

Satz 4.2. *Jedes Ideal von $\mathbb{Z}$ ist Hauptideal.*

Beweis. Sei $\mathfrak{a}$ Ideal von $\mathbb{Z}$. Sei $\mathfrak{a}^+ = \mathfrak{a} \cap \mathbb{N}$. Falls $\mathfrak{a} = \{0\}$ ist, ist $\mathfrak{a} = (0)$. Sonst ist $\mathfrak{a}^+ \neq \emptyset$. Sei $n \in \mathbb{N}$ minimal mit $n \in \mathfrak{a}^+$. Sei a ein beliebiges Element von $\mathfrak{a}$. Dann gibt es $q, r \in \mathbb{Z}$ mit $a = qn + r$ und $0 \leq r < n$. Da $r = a - qn \in \mathfrak{a}$, folgt wegen der Minimalität von n: $r = 0$ also ist $\mathfrak{a} = (n)$. □

Seien $\mathfrak{a}_1, \mathfrak{a}_2$ Ideale von $\mathbb{Z}$, $\mathfrak{a}_1 = (a_1)$, $\mathfrak{a}_2 = (a_2)$.

Definition. $\mathfrak{a}_1 \mid \mathfrak{a}_2$, falls $\mathfrak{a}_2 \subset \mathfrak{a}_1$.

Lemma 4.3. *$\mathfrak{a}_1 \mid \mathfrak{a}_2$ genau dann, wenn $a_1 \mid a_2$.*

Beweis. Falls $a_1 \mid a_2$, so folgt $a_2 = \lambda \cdot a_1 \in \mathfrak{a}_1$, also $(a_2) \subset (a_1)$. Sei umgekehrt $\mathfrak{a}_2 \subset \mathfrak{a}_1$. Dann ist $a_2 \in \mathfrak{a}_1$, also $a_2 = \lambda \cdot a_1$ mit $\lambda \in \mathbb{Z}$, und damit $a_1 \mid a_2$. □

Für $\mathfrak{a}_1$ und $\mathfrak{a}_2$ ist $\mathfrak{a}_1 \cap \mathfrak{a}_2$ ein Ideal mit der Eigenschaft: Für $i = 1,2$ ist $\mathfrak{a}_i \mid \mathfrak{a}_1 \cap \mathfrak{a}_2$; und falls b ein Ideal mit derselben Eigenschaft ist, folgt $\mathfrak{a}_1 \cap \mathfrak{a}_2 \mid \mathfrak{b}$. Also ist, falls $\mathfrak{a}_i = (a_i)$ ist: $\mathfrak{a}_1 \cap \mathfrak{a}_2 = (\mathrm{kgV}(a_1, a_2))$.

Entsprechend ist $\mathfrak{a}_1 + \mathfrak{a}_2 = \{\lambda a_1 + \mu a_1\}$ das kleinste Ideal, das $\mathfrak{a}_1$ und $\mathfrak{a}_2$ enthält, und deshalb gilt: $\mathfrak{a}_1 + \mathfrak{a}_2 = (\mathrm{ggT}(a_1, a_2))$.

Insbesondere gilt: $\mathfrak{a}_1 + \mathfrak{a}_2 = (1)$ genau dann, wenn $\mathrm{ggT}(a_1, a_2) = 1$, also a_1 und a_2 teilerfremd sind.

Korollar 4.4. *Ein Ideal $\mathfrak{a} \in \mathbb{Z}$ mit $\mathfrak{a} \neq \{0\}$ ist ein Primideal genau dann, wenn* $\mathfrak{a} = (p)$, $p \in \mathbb{P}$.

Beweis. Sei $\mathfrak{a} = (p)$, $p \in \mathbb{P}$. Sei $z_1 \cdot z_2 \in \mathfrak{a}$, also $z_1 \cdot z_2 = \lambda \cdot p$ mit $\lambda \in \mathbb{Z}$. Das heißt $p \mid z_1 \cdot z_2$. Also $p \mid z_1$ (d. h. $z_1 \in (p)$) oder $p \mid z_2$ (d. h. $z_2 \in (p)$). Sei umgekehrt $\{0\} \neq \mathfrak{a} \subset \mathbb{Z}$ ein Primideal, $\mathfrak{a} = (a)$ und $a > 0$. Falls $a \mid z_1 \cdot z_2$ ($z_i \in \mathbb{Z}$), so ist $z_1 \cdot z_2 \in \mathfrak{a}$, also $z_1 \in \mathfrak{a}$ (d. h. $a \mid z_1$) oder $z_2 \in \mathfrak{a}$ (d. h.: $a \mid z_2$), also ist a eine Primzahl. □

Bemerkung. Die bisher entwickelte Teilertheorie kann fast ohne Änderung in Hauptidealringen bzw. (wo der euklidische Algorithmus verwandt wurde) in euklidischen Ringen hergeleitet werden (vgl. z. B. [15]).

Übungsaufgaben

1. Sei R ein kommutativer Ring ohne Nullteiler mit 1-Element.

R heißt *Hauptidealring,* falls jedes Ideal von R ein Hauptideal ist.

R heißt *Euklidischer Ring,* falls es eine Funktion $w\colon R\backslash\{0_R\} \to \mathbb{N} \cup \{0\}$ gibt mit

i) $w(a \cdot b) \geq w(a)$ für alle $a, b \in R\backslash\{0_R\}$.

ii) Für alle $a, b \in R$ mit $b \neq 0$ gibt es $q, r \in \mathbb{R}$, so daß

$$a = qb + r \quad \text{mit} \quad r = 0 \quad \text{oder} \quad w(r) < w(b).$$

Zeige:

a) Jeder Euklidische Ring ist ein Hauptidealring.

b) Für $a, b \in R\backslash\{0_R\}$ existiert ein größter gemeinsamer Teiler d (Definition?), und d ist bis auf Assoziiertheit eindeutig bestimmt. Wie kann man d berechnen?

2. (Beispiele von Euklidischen Ringen)

i) $\mathbb{Z}$ ist ein Euklidischer Ring, w ist die Betragsfunktion.

ii) Sei i aus dem Körper $\mathbb{C}$ der komplexen Zahlen mit $i^2 = -1$.
Sei $\mathbb{Z}[i] = \{z_1 + z_2 i;\ z_1, z_2 \in \mathbb{Z}\} \subset \mathbb{C}$. Dann ist $\mathbb{Z}[i]$ ein Unterring von $\mathbb{C}$ (warum?); $\mathbb{Z}[i]$ heißt „Ring der ganzen Gaußschen Zahlen". Man nehme als w die Funktion $w(z_1 + iz_2) := z_1^2 + z_2^2$ und zeige: $\mathbb{Z}[i]$ ist ein Euklidischer Ring.

3. Sei k ein Körper und $R = k[X]$ der Polynomring über k in der Variablen X.

Falls $f(X) \in k[X]\backslash\{0_k\}$ und $f(X) = \sum_{i=0}^{n} a_i X^i$ mit $a_n \neq 0_k$, so heißt n bekanntlich der *Grad von* f.

Zeige: $k[X]$ ist ein Euklidischer Ring, wenn man für w die Gradfunktion nimmt.

4. (Nullstellen von Polynomen)

Sei wieder k ein Körper und $f(X) \in k[X]\backslash\{0_k\}$. $a \in k$ heißt r-fache Nullstelle von $f(X)$, falls $f(X) = (X - a)^r g(X)$, $g(X) \in k[X]$ und $g(a) \neq 0_k$.

Man zeige:

a) Ist $f(a) = 0$, so ist a eine r-fache Nullstelle von $f(X)$ mit $r \geq 1$.

b) Falls der Grad von f gleich n ist, so besitzt $f(X)$ höchstens n Nullstellen in k, wobei die Nullstellen entsprechend ihrer Vielfachheit gezählt werden.

c) Für $f(X) = \sum_{i=0}^{n} a_i X^i$ ist $f'(X) := \sum_{i=1}^{n} i a_i X^{i-1}$. Sei der Grad von $f(X) \geq 1$.
Zeige: Falls für $a \in k$ $f(a) = f'(a) = 0$ ist, so ist a eine r-fache Nullstelle von $f(X)$ mit $r \geq 2$.

Kapitel II Kongruenzen

§ 1 Der Restklassenring $\mathbb{Z}/m$

Wir betrachten ein Ideal $\mathfrak{a} \neq 0$ von $\mathbb{Z}$. Sei $m \in \mathbb{N}$ mit $\mathfrak{a} = (m)$. Für $z \in \mathbb{Z}$ ist $z + \mathfrak{a} := \{x \in \mathbb{Z}; x = z + \lambda \cdot m \text{ mit } \lambda \in \mathbb{Z}\}$.

Definition. $\bar{z} := z + \mathfrak{a}$ heißt die *Kongruenzklasse* von z mod m. Für $z_1, z_2 \in \mathbb{Z}$ ist $z_1 \equiv z_2 \bmod m$ genau dann, wenn $\bar{z}_1 = \bar{z}_2$ (d. h. $z_1 - z_2 \in (m)$).

Lemma 1.1. $\equiv \bmod m$ *ist eine Äquivalenzrelation.*

Der Beweis kann dem Leser überlassen werden.

Definition. $\mathbb{Z}/m$ ist die Menge der Kongruenzklassen mod m. Wir nennen ein Element $z \in \mathbb{Z}$ einen *Vertreter* einer Klasse $\bar{z} \in \mathbb{Z}/m$, falls $z \in \bar{z}$.
Sei $\{z_1, \ldots, z_k\} \subset \mathbb{Z}$, so daß zu jeder Kongruenzklasse von $\mathbb{Z}/m$ genau ein z_i ein Vertreter ist, dann heißt $\{z_1, \ldots, z_k\}$ ein *vollständiges Vertretersystem* mod m.

Lemma 1.2. *Zu* m *gibt es vollständige Vertretersysteme* mod m, *und jedes Vertretersystem hat* m *Elemente, also ist* $m = \# \cdot \mathbb{Z}/m$.

Beweis. Wir geben ein Vertretersystem an: $\{0, 1, \ldots, m-1\}$.

Denn: Sei $\bar{z}$ eine Kongruenzklasse mod m, $z \in \bar{z}$. Dann haben wir eine Darstellung: $z = q \cdot m + r$ mit $0 \leq r < m$. Also liegt $r \in \bar{z}$, d. h. jede Kongruenzklasse hat einen Vertreter in $\{0, \ldots, m-1\}$. Seien $k_1, k_2 \in \{0, \ldots, m-1\}$, etwa: $k_1 \geq k_2$. Dann ist $0 \leq k_1 - k_2 < m$, $k_1 - k_2$ liegt in (m) nur, wenn $k_1 = k_2$ ist. Also besitzt jede Kongruenzklasse mod m genau einen Vertreter in $\{0, \ldots, m-1\}$.□

Beispiele für andere Vertretersysteme:

$$\{1, \ldots, m\}, \left\{0, \pm 1, \ldots, \pm \frac{m-1}{2}\right\} \qquad \text{(falls m ungerade),}$$

$$\left\{0, \pm 1, \ldots, \pm\left(\frac{m}{2} - 1\right), \frac{m}{2}\right\} \qquad \text{(falls m gerade).}$$

Wir führen nun folgende Verknüpfung in $\mathbb{Z}/m$ ein:
Seien $\bar{z}_1, \bar{z}_2 \in \mathbb{Z}/m$, $z_1 \in \bar{z}_1$, $z_2 \in \bar{z}_2$.

Definition. $\bar{z}_1 \dotplus \bar{z}_2 := \overline{z_1 \dotplus z_2}$.

Man zeigt leicht, indem man entweder die allgemeine Theorie der Quotientenbildung in Ringen modulo Idealen benutzt oder mit der Definition von $\mathbb{Z}/m$ explizit die entsprechenden Rechnungen durchführt:

Proposition 1.3. $+: \mathbb{Z}/m \times \mathbb{Z}/m \to \mathbb{Z}/m$ *ist wohldefiniert, und* $(\mathbb{Z}/m, +, \cdot)$ *ist ein kommutativer Ring mit Einselement* $(1 + (m))$. (*Das Nullelement ist* (m).)

Zur Erinnerung: In einem Ring R heißt ein Element $a \in R \setminus \{0_R\}$ Nullteiler, falls es ein $b \in R \setminus \{0_R\}$ gibt mit $a \cdot b = 0_R$.

Proposition 1.4. $\bar{z} \in \mathbb{Z}/m$ *ist Nullteiler genau dann, wenn für einen Vertreter* $z \in \bar{z}$ *der* $\operatorname{ggT}(z, m) > 1$ *ist. Sonst ist* $\bar{z} \in (\mathbb{Z}/m)^\times$, *also ist* $\bar{z}$ *eine Einheit. Insbesondere gilt: Jedes Element aus* $\mathbb{Z}/m \setminus \{0\}$ *ist Einheit oder Nullteiler.*

Beweis. Sei $z \in \bar{z}$ mit $\operatorname{ggT}(z, m) = d > 1$ (das ist unabhängig von der Vertreterauswahl!), also $z = d \cdot z_1, m = d \cdot m_1$. Dann ist $\overline{m_1} \neq (m) = \bar{0}$, und $\bar{z} \cdot \overline{m_1} = \overline{z \cdot m_1} = \overline{d \cdot z_1 \cdot m_1} = \bar{0}$.

Sei $\operatorname{ggT}(z, m) = 1$. Dann gibt es $x_0, x_1 \in \mathbb{Z}$ mit $x_0 \cdot z + x_1 \cdot m = 1$, oder $\bar{z} \cdot \bar{x}_0 = \bar{1}$. Damit ist $\bar{z} \in (\mathbb{Z}/m)^\times$. □

Korollar 1.5. $\mathbb{Z}/m$ *ist ein Körper genau dann, wenn* m *eine Primzahl ist.*

Beweis. $\mathbb{Z}/m$ ist ein Körper genau dann, wenn $(\mathbb{Z}/m)^\times = (\mathbb{Z}/m) \setminus \{0\}$; nach 1.4 heißt das: Für alle k mit $0 < k \leq m - 1$ ist $\operatorname{ggT}(k, m) = 1$. Das bedeutet: m ist unzerlegbar, also eine Primzahl. □

Bemerkungen. 1. Genauer haben wir bewiesen: $\mathbb{Z}/m$ ist ein Körper genau dann, wenn m unzerlegbar ist. Andererseits gilt nach Definition: $\mathbb{Z}/m$ hat keine Nullteiler genau dann, wenn m eine Primzahl ist. Wegen Proposition 1.4 (oder weil endliche kommutative Ringe ohne Nullteiler immer Körper sind) folgt also erneut: Primelement = unzerlegbares Element.

2. $\mathbb{Z}/p$ ist der kleinste Körper mit Charakteristik p (p Primzahl) in folgendem Sinne: Falls K ein Körper ist mit $p \cdot 1_K := 1_K + \ldots + 1_K = 0_K$, dann enthält K einen zu $\mathbb{Z}/p$ isomorphen Teilkörper, nämlich $\{0, 1_K, \ldots, (p-1) \cdot 1_K\}$.

Übungsaufgaben

1. a) Man führe den Beweis von Proposition 1.3 durch.

b) Es gilt: $11 \cdot 31 \mid 20^{15} - 1$.

2. Man zeige: Für $n \in \mathbb{N}$ ist $(n + 1)^n \equiv 1 \bmod n^2$.

3. Man bestimme *alle* Zahlen $p \in \mathbb{N}$, die folgende Eigenschaften haben: $p, p + 2, p + 6, p + 8, p + 12$ und $p + 14$ sind Primzahlen.

4. Gegeben seien die Gleichungen

$$117x - 273y = -78 \tag{1}$$

und

$$x^{102} \equiv -201 \bmod 25. \tag{2}$$

Man bestimme alle $x \in \mathbb{Z}$, die

a) (1) lösen (mit geeignetem $y \in \mathbb{Z}$),

b) (2) lösen, und

c) sowohl (1) als auch (2) lösen.

5. Für $n, m \in \mathbb{Z}$ sei $r_m(n) \in \{0, \dots, m-1\}$ mit $r_m(n) \equiv n \bmod m$.

Zeige: $\sum_{m=1}^{2^k} r_m(2^k) = \sum_{m=1}^{2^k-1} r_m(2^k - 1)$.

6. Sei $f(X) \in \mathbb{Z}[X]$ ein Polynom mit ganzzahligen Koeffizienten. Für eine Primzahl p bezeichne $\overline{f}(X)$ *das* Polynom in $\mathbb{Z}/p\mathbb{Z}[X]$, dessen Koeffizienten die Kongruenzklassen mod p der Koeffizienten von $f(X)$ sind.

a) Zeige: Die Abbildung φ: $\mathbb{Z}[X] \to (\mathbb{Z}/p)[X]$, gegeben durch $\varphi(f(X)) := \overline{f}(X)$ ist ein Ringhomomorphismus.

b) Für $a \in \mathbb{Z}$ und $f(X) \in \mathbb{Z}[X]$ gilt: $\varphi(f(X))(\overline{a}) = \overline{f(a)}$, wobei wie üblich der Querstrich den Übergang zu den Klassen mod p bezeichnet.

c) Betrachte speziell $f(X) = 20^{15} X^2 + 31 X + 94$.
Zeige: Für $p = 31$ hat $\overline{f}(X)$ keine Nullstelle in $\mathbb{Z}/p\mathbb{Z}$.
Für $p = 2,5$ hat $\overline{f}(X)$ eine Nullstelle in $\mathbb{Z}/p\mathbb{Z}$.
Hat $f(X)$ eine Nullstelle in $\mathbb{Z}$?

§ 2 Digression über abelsche Gruppen

Im folgenden sei G immer eine endliche abelsche Gruppe mit einer Verknüpfung $\cdot$
Für $k \in \mathbb{Z}$ und $x \in G$ sei

$$x^k := \begin{cases} x \cdot \ldots \cdot x & \text{(k Faktoren)}, \quad \text{falls } k \in \mathbb{N} \\ 1_G & , \quad \text{falls } k = 0. \\ x^{-1} \cdot \ldots \cdot x^{-1} & \text{(}-\text{k Faktoren)}, \quad \text{falls } -k \in \mathbb{N} \end{cases}$$

Mit $\langle x \rangle$ bezeichnen wir $\{x^k, k \in \mathbb{Z}\}$.

Definition. Für $x \in G$ ist $\operatorname{ord}(x) := \operatorname{Min}\{k \in \mathbb{N}; x^k = 1_G\}$.

Lemma 2.1. $\langle x \rangle$ *ist eine Untergruppe von* G. *Es ist* $\operatorname{ord}(x) = \#\langle x \rangle := n$. *Es gilt:* $n \mid \# G$. *Jedes* $y \in \langle x \rangle$ *läßt sich darstellen durch* $y = x^k$ *mit* $k \in \mathbb{Z}$, *und* k *ist* mod n *eindeutig bestimmt. Die Ordnung* m *von* $y = x^k$ *ist gegeben durch* $m = n/\operatorname{ggT}(k, n)$.

Der einfache Beweis des Lemmas wird als Übungsaufgabe dem Leser empfohlen.

Definition. G ist zyklisch, falls es ein $x \in G$ mit $\langle x \rangle = G$ gibt. Dies ist gleichbedeutend mit: Es gibt ein $x \in G$ mit $\operatorname{ord}(x) = \# G$.

Proposition und Beispiel 2.2. *Sei* G *eine zyklische Gruppe der Ordnung* n. *Dann ist* G *isomorph zu* $(\mathbb{Z}/n, +)$. *(Insbesondere ist* $(\mathbb{Z}/n, +)$ *zyklisch.)*

Beweis. Es ist $\mathbb{Z}/n = \langle \overline{1} \rangle$ (additiv), da für $z \in \overline{z} \in \mathbb{Z}/n$ gilt: $\overline{z} = \overline{z \cdot 1} = z \cdot \overline{1}$.
Sei $G = \langle x \rangle$. φ: $G \to \mathbb{Z}/n$ sei folgendermaßen definiert: Sei $y \in G$ mit $y = x^k$. Dann ist $\varphi(y) := \overline{k} \pmod n$. φ ist wohldefiniert, da k mod n eindeutig bestimmt ist, und φ ist bijektiv, da aus $\varphi(y_1) = \varphi(y_2)$ folgt $y_1 = x^{k_1}, y_2 = x^{k_2}$ und

$k_1 \equiv k_2 \bmod n$. Also $y_1 = x^{k_1} = x^{k_2 + \lambda \cdot n} = x^{k_2} \cdot 1_G = x^{k_2} = y_2$, und $\#G = \#\mathbb{Z}/n$. Da $\varphi(y_1 \cdot y_2) = \varphi(x^{k_1} \cdot x^{k_2}) = \varphi(x^{k_1 + k_2}) = \overline{k_1 + k_2} = \bar{k}_1 + \bar{k}_2 = \varphi(y_1) + \varphi(y_2)$ ist (mit $y_i = x^{k_i}$), folgt: φ ist ein Gruppenisomorphismus. □

Seien $G_1, \dots, G_r$ Untergruppen von G.

Definition. G heißt *direkte Summe* der $G_1, \dots, G_r$, falls gilt:

i) $G = G_1 \cdot \ldots \cdot G_r = \{g_1 \cdot \ldots \cdot g_r;\ g_i \in G_i\} =: \prod_{i=1}^{r} G_i$.

ii) $G_i \cap G^i = \{1_G\}$, wobei $G^i = \left\{ \prod_{\substack{j=1 \\ j \neq i}}^{r} g_j;\ g_j \in G_j \right\}$.

Schreibweise. $G = G_1 \oplus \ldots \oplus G_r = \bigoplus_{i=1}^{r} G_i$.

Wir nehmen nun an, daß für $x_1, \dots, x_r \in G$ gilt:

$$G = \langle x_1 \rangle \oplus \ldots \oplus \langle x_r \rangle .$$

Lemma 2.3. *Sei* $G = \langle x_1 \rangle \oplus \ldots \oplus \langle x_r \rangle$, $\operatorname{ord}(x_i) = n_i$. *Dann ist jedes* $y \in G$ *darstellbar in der Form*

$$y = x_1^{\alpha_1} \cdot \ldots \cdot x_r^{\alpha_r} \quad mit \quad \alpha_i \in \mathbb{Z}.$$

α_i *ist durch* y *eindeutig bestimmt* $\bmod n_i$ (für $i = 1, \dots, r$). *Es ist* G *isomorph zu* $\mathbb{Z}/n_1 \times \ldots \times \mathbb{Z}/n_r$ (*mit komponentenweiser Addition*), *insbesondere ist* $\#G = \prod_{i=1}^{r} n_i$.

Beweis. Sei $y = g_1 \dots g_r \in G$. Sei $g_i = x_i^{\alpha_i} (\alpha_i \in \mathbb{Z})$. Sei auch $y = x_1^{\alpha'_1} \cdot \ldots \cdot x_r^{\alpha'_r}$. Dann ist

$$1_G = x_1^{\alpha_1 - \alpha'_1} \cdot \ldots \cdot x_r^{\alpha_r - \alpha'_r}, \text{ also } x_i^{\alpha_i - \alpha'_i} \in G^i \ (i = 1, \dots, r),$$

$$\text{daher } x_i^{\alpha_i - \alpha'_i} = 1_G, \quad \text{oder} \quad \alpha_i \equiv \alpha'_i \bmod n_i.$$

Sei $\varphi: G \to \mathbb{Z}/n_1 \times \ldots \times \mathbb{Z}/n_r$ gegeben durch

$$y = x_1^{\alpha_1} \cdot \ldots \cdot x_r^{\alpha_r} \to \varphi(y) = (\bar{\alpha}_1, \dots, \bar{\alpha}_r)$$

(dabei ist $\bar{\alpha}_i$ die Kongruenzklasse von $\alpha_i \bmod n_i$. Dann folgt leicht: φ ist ein bijektiver Gruppenhomomorphismus. □

Sei p eine Primzahl.

Sei $G(p) := \{g \in G;\ \operatorname{ord}(g) = p^n \text{ mit } n \in \mathbb{N} \text{ oder } n = 0\}$.

Proposition 2.4. *Es ist* $G = \bigoplus_{p \mid \#G} G(p)$.

Beweis. Für alle Primzahlen p gilt: G(p) ist eine Untergruppe von G, da $1_G \in G(p)$ und mit x_1, x_2 auch $x_1 \cdot x_2^{-1} \in G(p)$. Da für alle $x \in G$ gilt $\mathrm{ord}(x) \mid \#G$, folgt: $G(p) = \{1_G\}$, falls $p \nmid \#G$.

Wir setzen ab jetzt immer $p \mid \#G$ voraus.

Sei $x \in G(p) \cap \prod\limits_{\substack{p \neq q \\ q \mid \#G}} G(q)$.

Dann ist ord(x) eine p-Potenz, also: $x^{p^j} = 1_G$. Andererseits ist $x = x_1 \cdot \ldots \cdot x_r$ mit $x_i \in G(q_i)$ und $q_i \neq p$, also ist die Ordnung von x ein Produkt von q_i-Potenzen $(i = 1, \ldots, r)$. Als einzige Möglichkeit bleibt $j = 0$ und $x = 1_G$. Daher ist $G(p) \cap \prod\limits_{\substack{p \neq q \\ q \mid \#G}} G(q) = \{1_G\}$.

Wir zeigen jetzt: Sei $y \in G$. Dann gibt es $y_p \in G(p)$ mit $y = \prod\limits_{\substack{p \in \mathbb{P} \\ p \mid \#G}} y_p$.

Wir machen Induktion nach der Anzahl der verschiedenen Primteiler, die in ord(y) aufgehen: Falls $\mathrm{ord}(y) = q^i$ ist, wobei $q \mid \#G$ und q eine Primzahl ist, setzen wir $y_q = y$ und $y_p = 1_G$ für $p \neq q$ und sind fertig.

Sei $\mathrm{ord}(y) = q^i \cdot n_0$ mit $q \nmid n_0$, $q \in \mathbb{P}$. Dann liegt $y^{n_0} \in G(q)$, wir suchen $z \in G$ mit $\mathrm{ord}(z) \mid n_0$ und

$$y = (y^{n_0})^s \cdot z, \quad \text{oder}$$
$$z = y^{-s \cdot n_0 + 1} \quad \text{und} \quad z^{n_0} = 1_G.$$

Wir müssen also lösen:

$$sn_0^2 - n_0 \equiv 0 \bmod n_0 \cdot q^i, \text{ d.h.:}$$
$$sn_0^2 + \lambda \cdot n_0 q^i = n_0 \quad \text{mit} \quad \lambda \in \mathbb{Z}, \text{ also:}$$
$$sn_0 + \lambda q^i = 1.$$

Diese Gleichung ist wegen $\mathrm{ggT}(n_0, q) = 1$ aber lösbar. Da ord(z) weniger verschiedene Primteiler als $q^i \cdot n_0$ hat, können wir die Induktionsvoraussetzung anwenden und bekommen die Behauptung. □

Wir wissen also: $G = \bigoplus\limits_{p \mid \#G} G(p)$.

Wir wollen nun G(p) weiter untersuchen. Das sehr wichtige Ergebnis ist

Proposition 2.5. *Sei* G *eine endliche abelsche Gruppe, in der jedes Element* p-*Potenzordnung hat. Sei* $n = \max\limits_{x \in G} \{w_p(\mathrm{ord}(x))\}$.

Dann gibt es eindeutig bestimmte Zahlen $r \in \mathbb{N} \cup \{0\}$ *und* $n_i \in \mathbb{N}$ $(1 \leq i \leq r)$ *mit* $1 \leq n_i \leq n_{i+1} \leq n$, *so daß es Elemente* $x_1, \ldots, x_r \in G$ *gibt mit* $\mathrm{ord}(x_i) = p^{n_i}$ *und* $G = \langle x_1 \rangle \oplus \ldots \oplus \langle x_r \rangle$.

Insbesonders ist $\#G = p^{\sum_{i=1}^{r} n_i}$.[1])

Beweis. Wir machen Induktion nach der Gruppenordnung m von G. Falls $|G| = 1$ ist, wähle $r = 0$ und beachte die Fußnote.

Sei die Behauptung bewiesen für alle entsprechenden Gruppen mit einer Ordnung, die kleiner als $m > 1$ ist.

Wir zeigen zunächst die *Existenz* von r und $(n_i)_{i=1,\ldots,r}$. Sei $x \in G$ mit $\mathrm{ord}(x) = p^n$ maximal ($n \geq 1$, sonst wäre $G = \{1_G\}$). Sei $G' = G/\langle x \rangle$ die Menge der Restklassen mod $\langle x \rangle$, die auf natürliche Weise (durch Verknüpfung der Vertreter) wieder zur Gruppe wird. Für $y' \in G'$ gilt: Sei $y \in y'$ $(y \in G)$. Dann ist $1_G = y^{\mathrm{ord}\,y} \in y'^{\mathrm{ord}\,y}$, also ist $y'^{\mathrm{ord}\,y} = 1_{G'}$, und somit hat jedes Element von G' p-Potenzordnung, und $\mathrm{ord}(y') \leq \mathrm{ord}(y)$, falls $y \in y'$.

Da G' weniger Elemente als G hat, können wir die Induktionsvoraussetzung für G' verwenden. Es gibt also Elemente $x_1', \ldots, x_s' \in G'$ mit $G' = \langle x_1' \rangle \oplus \ldots \oplus \langle x_s' \rangle$. (Wegen Lemma 2.3 folgt nun: $\#G'$ ist eine p-Potenz.)

Hilfssatz. *Zu* $y' \in G'$ *gibt es* $y \in y'$ *mit* $\mathrm{ord}(y) = \mathrm{ord}(y')$.

Beweis. Sei $\tilde{y} \in y'$ beliebig. Sei $\mathrm{ord}(y') = p^m$. Dann ist $p^m \leq p^n$ wegen der Maximalität von p^n.

Weiter ist $\tilde{y}^{p^m} \in 1_{G'} = \langle x \rangle$, also: $\tilde{y}^{p^m} = x^{p^k \cdot n_0}$ mit $\mathrm{ggT}(n_0, p) = 1$. Es folgt:

$$p^n \geq \mathrm{ord}(\tilde{y}) = p^m \cdot \mathrm{ord}\,\tilde{y}^{p^m} = p^m \cdot p^{n-k} = p^{n+m-k}$$

und daher

$$k \geq m.$$

Wir suchen nun $t \in \mathbb{Z}$, so daß $(\tilde{y} \cdot x^t)^{p^m} = 1_G$ ist. Also:

$$x^{p^k \cdot n_0} \cdot x^{p^m \cdot t} = 1_G$$

oder schärfer

$$p^k \cdot n_0 + p^m \cdot t = p^n.$$

Da $m \leq k$, $m \leq n$ ist, heißt das

$$t = p^{n-m} - n_0 \cdot p^{k-m}.$$

Wählen wir $y = \tilde{y} \cdot x^t$, dann ist $y \in y'$ und $\mathrm{ord}(y) = \mathrm{ord}(y')$. □

---

[1]) $r = 0$ bedeutet: Man hat die leere Summe zu bilden, nach Übereinkunft ist dann

$$G = \{1_G\} \text{ und } \sum_{i=1}^{0} n_i = 0.$$

Seien nun $x_1 \in x'_1, \dots, x_s \in x'_s$ nach dem Hilfssatz gewählt, daß $\operatorname{ord}(x_i) = \operatorname{ord}(x'_i)$ ist.
Sei $G_1 := \langle x_1 \rangle \cdot \ldots \cdot \langle x_s \rangle$.

Behauptung. $G = \langle x \rangle \oplus G_1$.

Beweis. Sei $y \in \langle x \rangle \cap G_1$, also $y = x^k$ und $y = \prod_{i=1}^{s} x_i^{\alpha_i}$. Dann ist (mit $y \in y'$) $y' = 1_{G'}$, oder (wegen Lemma 2.3) $\alpha_i \equiv 0 \bmod \operatorname{ord}(x'_i)$ für $i = 1, \dots, s$.
Wegen $\operatorname{ord}(x_i) = \operatorname{ord}(x'_i)$ folgt $y = 1_G$.

Sei $y \in G$. Sei $y' = \prod_{i=1}^{s} x_i'^{\alpha_i}$, $\tilde{y} = \prod_{i=1}^{s} x_i^{\alpha_i} \in G_1$. Dann ist $y = \tilde{y} \cdot x^k$ mit k geeignet.
Also ist die Behauptung bewiesen. □
Da $\# G_1 < \# G$ ist, gibt es $\{y_1, \dots, y_t\} \subset G_1$ (man könnte $\{x_1, \dots, x_s\}$ nehmen) mit $G_1 = \langle y_1 \rangle \oplus \ldots \oplus \langle y_t \rangle$.
Daher ist $G = \langle x \rangle \oplus \langle y_1 \rangle \oplus \ldots \oplus \langle y_t \rangle$, und wir haben die Existenz einer direkten Summendarstellung der behaupteten Form gezeigt.

Zur Eindeutigkeit. Wir machen jetzt Induktion nach der maximalen Ordnung von Elementen aus G.
Habe jedes Element die Ordnung p. Sei $G = \langle x_1 \rangle \oplus \ldots \oplus \langle x_r \rangle$ (mit $x_i \neq 1_G$).
Dann folgt aus Lemma 2.3: $\# G = p^r$, und somit ist r eindeutig bestimmt.
Ebenso sind alle $n_i = 1$.
Sei G nun beliebig.

$$G = \langle x_1 \rangle \oplus \ldots \oplus \langle x_r \rangle, \operatorname{ord}(x_i) = p^{n_i}.$$

$$G_1 := \langle x_1^p \rangle \oplus \ldots \oplus \langle x_r^p \rangle = \{x^p ; x \in G\}.$$

Wir können Induktionsvoraussetzung auf G_1 anwenden:
Die Anzahl der x_i mit einer Ordnung p^{n_i} und $n_i > 1$ ist durch G_1 eindeutig bestimmt, ebenso die Ordnungen der zugehörigen Elemente, die ja gleich $p^{n_i - 1}$ sind, also kennt man auch n_i, falls $n_i > 1$ ist.

Es ist $\# G = \prod_{i=1}^{r} p^{n_i} = \left(\prod_{n_i > 1} p^{n_i} \right) \cdot p^l$, wobei l die Anzahl der x_i ist mit $\operatorname{ord}(x) = p$.
Da der erste Faktor bestimmt ist, ist auch l bestimmt, und wir haben die Proposition bewiesen. □
Als zusammenfassendes Ergebnis erhalten wir:

Satz 2.6 (Hauptsatz über abelsche Gruppen). *Sei* G *eine endliche abelsche Gruppe. Dann ist*

$$G = \bigoplus_{p \mid \# G} \left(\bigoplus_{1 \le i_p \le r_p} \langle x_{i_p} \rangle \right) \quad \textit{mit} \quad \operatorname{ord}(x_{i_p}) = p^{n_{i_p}} \quad \textit{und} \quad 1 \le n_{i_p} \le w_p(\# G).$$

Dabei sind die Zahlen r_p *und* $(n_{i_p})_{1 \le i_p \le r_p}$ *eindeutig bestimmt.*

Es ist $\#G = \prod_{p|\#G} p^{\sum_{i_p=1}^{r_p} n_{i_p}}$ *, und insbesondere ist für alle Primteiler* p *von* #G *die Untergruppe* $G(p) \neq \{1_G\}$.

Korollar 2.7. *Jede endliche abelsche Gruppe ist isomorph zu*

$\bigtimes_{p|\#G} \bigtimes_{i_p=1}^{r_p} \mathbb{Z}/p^{n_{i_p}}$ *mit geeigneten, eindeutig bestimmten natürlichen Zahlen* r_p *und* n_{i_p}.

Korollar 2.8. *Eine endliche abelsche Gruppe* G *ist zyklisch genau dann, wenn für jedes* p, *das* #G *teilt, gilt: Es gibt genau* $p-1$ *Elemente der Ordnung* p.

Übungsaufgaben

1. Beweise Korollar 2.8. Zeige: $\mathbb{Z}/m_1 \times \mathbb{Z}/m_2$ ist zyklisch genau dann, wenn $ggT(m_1, m_2) = 1$.
2. Man bestimme sämtliche Isomorphie-Typen von abelschen Gruppen G mit $\#G \leq 18$, $\#G = 864$, $\#G = 1000$, $\#G = 2160$.
3. Sei $G = \{x_1, \dots, x_n\}$ eine endliche abelsche Gruppe und

   $Exp(G) := Max\{ord(x_1), \dots, ord(x_n)\}$. Zeige:

   $Exp(G) = kgV\{ord(x_1), \dots, ord(x_n)\}$.

   Gilt diese Aussage auch, wenn man die Voraussetzung, daß G abelsch ist, wegläßt?
4. a) Sei G eine abelsche Gruppe, $p \in \mathbb{P}$ und $V := \{v \in G; v^p = 1_G\}$. Zeige: V ist auf natürliche Weise ein $\mathbb{Z}/p$-Vektorraum.

   b) Sei V ein endlich-dimensionaler $\mathbb{Z}/p$-Vektorraum, sei etwa $Dim_{\mathbb{Z}/p} V = n$. Wie groß ist #V?

§ 3 Struktur von $\mathbb{Z}/m$

Wir wissen schon: $(\mathbb{Z}/m, +)$ ist eine zyklische abelsche Gruppe der Ordnung m, z.B. ist $1 + (m)$ ein erzeugendes Element. Mit Korollar 2.7 und Korollar 2.8 folgt

$$\mathbb{Z}/m \cong \bigtimes_{p|m} \mathbb{Z}/p^{w_p(m)} \quad \text{(als additive Gruppe)},$$

wobei ein Isomorphismus $f: \mathbb{Z}/m \to \bigtimes_{p|m} \mathbb{Z}/p^{w_p(m)}$ folgendermaßen gegeben ist:

$$z + (m) \to f(z + (m)) := \left(z + \left(p_1^{w_{p_1}(m)}\right), \dots, z + \left(p_r^{w_{p_r}(m)}\right)\right),$$

wenn $p_1, \dots, p_r$ die verschiedenen Primteiler von m sind. Diese wichtige Tatsache kann folgendermaßen interpretiert werden:

Satz 3.1 (Chinesischer Restsatz). *Seien* $m_i \in \mathbb{N}$ *und* $a_i \in \mathbb{Z}$ *für* $i = 1, \dots, n$. *Sei* $ggT(m_i, m_j) = 1$ *für* $i \neq j$. *Dann gibt es ein* $x \in \mathbb{Z}$ *mit*

$$x \equiv a_i \bmod m_i \quad (\text{für alle } 1 \leq i \leq n).$$

Man sagt: x *ist eine* simultane *Lösung der* n *Kongruenzen*

$$x \equiv a_i \bmod m_i.$$

x *ist eindeutig bestimmt* $\bmod m := \prod_{i=1}^{n} m_i$.

Beweis. Es ist (als additive Gruppen)

$$\mathbb{Z}/m \cong \bigtimes_{p|m} \mathbb{Z}/p^{w_p(m)} \cong \bigtimes_{i=1}^{n} \bigtimes_{p|m_i} \mathbb{Z}/p^{w_p(m_i)}$$

(da die $m_1, \dots, m_n$ paarweise teilerfremd sind).
Also:

$$\mathbb{Z}/m \cong \bigtimes_{i=1}^{n} \mathbb{Z}/m_i \quad \left(\text{wegen } m_i = \prod_{p|m_i} p^{w_p(m_i)}\right);$$

eine Abbildung ist gegeben durch

$$z + (m) \to (z + (m_1), \dots, z + (m_n)).$$

Insbesonders hat das Element

$$(a_1 + (m_1), \dots, a_n + (m_n))$$

ein Urbild $x + (m)$ mit $x \in \mathbb{Z}$ und x eindeutig bestimmt mod m, d. h.

$$x + (m_i) = a_i + (m_i) \qquad \text{für } 1 \leq i \leq n \quad \text{und somit}$$

$$x \equiv a_i \bmod m_i, \qquad \text{wie verlangt.} \ \square$$

Proposition 3.2. *Die Abbildung* $f: \mathbb{Z}/m \to \bigtimes_{p|m} \mathbb{Z}/p^{w_p(m)}$ *von oben ist ein Ringisomorphismus.*

Es ist $(\mathbb{Z}/m)^\times \cong \bigtimes_{p|m} (\mathbb{Z}/p^{w_p(m)})^\times$.

Beweis. Seien $z_1 + (m), z_2 + (m) \in \mathbb{Z}/m$. Dann ist

$$f((z_1 + (m)) \cdot (z_2 + (m))) = f(z_1 \cdot z_2 + (m)) =$$
$$= \left(z_1 \cdot z_2 + \left(p_1^{w_{p_1}(m)}\right), \dots, z_1 \cdot z_2 + p_r^{w_{p_r}(m)}\right)\Big),$$

wenn wieder $p_1, \dots, p_r$ die verschiedenen Primteiler von m sind.

Also:

$$f((z_1 + (m)) \cdot (z_2 + (m))) = \left(\left(z_1 + p_1^{w_{p_1}(m)}\right)\right) \cdot \left(z_2 + \left(p_1^{w_{p_1}(m)}\right), \ldots\right) =$$
$$= f(z_1 + (m)) \cdot f(z_2 + (m)).$$

$z + (m)$ ist eine Einheit in $\mathbb{Z}/m$ genau dann, wenn $\mathrm{ggT}(z, m) = 1$ ist, und das ist genau dann so, falls $\mathrm{ggT}(z, p) = 1$ ist für alle $p|m$. □

Proposition 3.2 gestattet es uns, die Anzahl der Einheiten in $\mathbb{Z}/m$ zu berechnen.

Definition. Die Eulersche φ-Funktion wird gegeben durch $\varphi(m) := \#(\mathbb{Z}/m)^{\times}$ für $m \in \mathbb{N}$.

Proposition 3.3 *Falls* $m = m_1 \cdot m_2$ *und* $\mathrm{ggT}(m_1, m_2) = 1$ *ist, dann ist* $\varphi(m) = \varphi(m_1) \cdot \varphi(m_2)$. *Falls* $m = p^{\alpha}$ $(\alpha \geq 1)$ *ist, ist* $\varphi(m) = (p-1)p^{\alpha-1}$. *Daher ist für beliebiges* $m \in \mathbb{N}$:

$$\varphi(m) = \prod_{p|m} \left(p^{w_p(m)} - p^{w_p(m)-1}\right).$$

Beweis. Wegen 3.2 ist $(\mathbb{Z}/m)^{\times} \cong \left(\bigtimes_{p|m_1} \mathbb{Z}/p^{w_p(m_1)}\right)^{\times} \times \left(\bigtimes_{p|m_2} \mathbb{Z}/p^{w_p(m_2)}\right)^{\times}$,

falls $m = m_1 \cdot m_2$ und $\mathrm{ggT}(m_1, m_2) = 1$, also gilt:

$$\varphi(m) = \varphi(m_1) \cdot \varphi(m_2).$$

Nun ist noch $\varphi(p^{\alpha})$ mit p Primzahl und $\alpha \geq 1$ zu berechnen. Wir wissen: $\varphi(p^{\alpha})$ ist gleich der Anzahl der Zahlen zwischen 0 und $p^{\alpha} - 1$, die nicht durch p teilbar sind, und dies sind (da jede p-te Zahl durch p teilbar ist) genau $p^{\alpha} - p^{\alpha-1}$ Zahlen.

Betrachten wir zunächst $m = p$.

Wir wissen: $(\mathbb{Z}/p, +, \cdot)$ ist ein Körper, $(\mathbb{Z}/p)^{\times}$ hat $p - 1$ Elemente. Wir behaupten: $(\mathbb{Z}/p)^{\times}$ ist zyklisch. Dies folgt sofort aus folgendem allgemeinen Satz.

Satz 3.4. *Sei* K *ein Körper,* $W \subset K^{\times}$ *eine endliche Untergruppe. Dann ist* W *zyklisch. Insbesonders ist, falls* $K^{\times}$ *endlich ist,* $K^{\times}$ *zyklisch.*

Beweis. Wir verwenden das durch Korollar 2.8 gegebene Kriterium. Sei $q \in \mathbb{P}$. Falls $q \mid \#W$, definieren wir $W_q := \{x \in W; x^q = 1_K\}$.

Betrachten wir das Polynom $X^q - 1_K \in K[X]$, dann sehen wir: Die Elemente von W_q sind Nullstellen dieses Polynoms. Da in einem Körper die Anzahl der verschiedenen Nullstellen eines Polynoms höchstens gleich dem Grad des Polynoms ist, folgt:

$$\#W_q \setminus \{1_K\} \leq q - 1, \quad \text{und da} \quad W_q \neq \{1_K\} \text{ ist}$$
$$\#W_q \setminus \{1_K\} = q - 1.$$

Also ist W zyklisch. □

Als letztes stellen wir uns die Frage: Wann ist $(\mathbb{Z}/m)^\times$ eine zyklische Gruppe für beliebiges m?

Wegen Proposition 3.2 und Korollar 2.8 sehen wir: $(\mathbb{Z}/m)^\times$ ist genau dann zyklisch, wenn $(\mathbb{Z}/p^{w_p(m)})^\times$ zyklisch ist für alle Primteiler p von m und wenn $\varphi(p^{w_p(m)})$ teilerfremd zu $\varphi(q^{w_q(m)})$ für $p \neq q$ ist. Da aber $2 \mid \varphi(p^{w_p(m)})$, falls $p^{w_p(m)} \geq 3$ ist, folgt: $(\mathbb{Z}/m)^\times$ ist höchstens zyklisch, wenn $m \mid 2 \cdot p^\alpha$.

Proposition 3.5. $(\mathbb{Z}/m)^\times$ *ist genau dann zyklisch, wenn* $m = 2 \cdot p^\alpha$ *oder* $m = p^\alpha$ *mit* $p \neq 2$ *oder* $m = 2,4$. *In diesen Fällen ist* $(\mathbb{Z}/m)^\times$ *isomorph zu* $\mathbb{Z}/p-1 \times \mathbb{Z}/p^{\alpha-1}$. *Falls* $m = 2^\alpha$ *mit* $\alpha > 2$, *dann ist* $(\mathbb{Z}/m)^\times$ *isomorph zu* $\mathbb{Z}/2 \times \mathbb{Z}/2^{\alpha-2}$.

Beweis. Sei $m = 2 \cdot p^\alpha$ mit $p \neq 2$. Dann ist $(\mathbb{Z}/m)^\times \cong (\mathbb{Z}/p^\alpha)^\times$. Wir können also $m = p^\alpha$ annehmen.

Sei $G(p) = \{z \in (\mathbb{Z}/p^\alpha)^\times ; \operatorname{ord}(z) \text{ ist eine p-Potenz}\}$. Dann ist

$$(\mathbb{Z}/p^\alpha)^\times = G(p) \oplus G',$$

wobei in G' alle Elemente mit zu p teilerfremder Ordnung liegen.

Die Ordnung von G(p) ist $p^{\alpha-1}$, die von G' $p-1$, da die Ordnung von $(\mathbb{Z}/p^\alpha)^\times$ gleich $(p-1)p^{\alpha-1}$ ist. Falls $\alpha = 1$ ist, ist $G(p) = \{1_G\}$, also zyklisch. Sei $\alpha \geq 2$. Sei $\bar{z} \in G(p)$ mit $\bar{z}^p = \bar{1}$, $\bar{z} \neq \bar{1}$. Sei $z \in \bar{z}$. Dann ist $z^p \equiv 1 \mod p^\alpha$, aber $z \not\equiv 1 \mod p^\alpha$. Sei $z = a_0 + \lambda \cdot p$ mit $\lambda \in \mathbb{Z}$ und $0 \leq a_0 \leq p-1$. Dann ist

$$z^p = (a_0 + \lambda \cdot p)^p = a_0^p + pa_0^{p-1} \cdot \lambda \cdot p + \ldots + \lambda^p \cdot p^p.$$

(nach dem binomischen Satz).

Es folgt: $a_0^p \equiv 1 \mod p$ (da $z^p \equiv 1 \mod p$ ist und $z^p - a_0^p \equiv 0 \mod p$ ist), und daher $a_0 \equiv 1 \mod p$ (da $a_0^{p-1} \equiv 1 \mod p$ ist wegen $(\mathbb{Z}/p)^\times = p-1$), also: $a_0 = 1$, $z = 1 + \lambda \cdot p$ mit $\lambda \in \mathbb{Z}$, und

$$z^p - 1 = \binom{p}{1}\lambda \cdot p + \binom{p}{2}\lambda^2 p^2 + \ldots + \lambda^p p^p \equiv 0 \mod p^\alpha.$$

Da $w_p(\binom{p}{\nu} \cdot \lambda^\nu p^\nu) = 1 + \nu w_p(\lambda) + \nu$ ist für $2 \leq \nu < p$ und $w_p(\lambda^p p^p) = pw_p(\lambda) + p$ ist, folgt wegen $p \neq 2$ nach I, 3.5

$$w_p(z^p - 1) = \operatorname{Min}\{w_p(p \cdot \lambda \cdot p), w_p(\binom{p}{2}\lambda^2 p^2 + \ldots + \lambda^p p^p)\} = 2 + w_p(\lambda) \geq \alpha.$$

Da $z - 1 \not\equiv 0 \mod p^\alpha$, folgt: $w_p(\lambda) + 1 < \alpha$, somit $w_p(\lambda) = \alpha - 2$ und

$$z = 1 + \lambda_0 \cdot p^{\alpha-1} \quad \text{mit} \quad \lambda_0 \text{ prim zu p.}$$

Da für $\lambda_0 \equiv \lambda_0' \mod p$

$$z' = 1 + \lambda_0' p^{\alpha-1} \equiv z \mod p^\alpha,$$

haben wir: Wir bekommen alle Elemente in $(\mathbb{Z}/p^\alpha)^\times$ mit der Ordnung p, indem wir die Klassen von $\{1 + \lambda_0 \cdot p^{\alpha-1} ; 1 \leq \lambda_0 \leq p-1\}$ bilden. Somit hat G(p) genau $p-1$ Elemente der Ordnung p und ist daher nach Korollar 2.8 zyklisch.

Wir müssen jetzt G' untersuchen. Wir betrachten den Ringhomomorphismus:

$$f: \mathbb{Z}/p^\alpha \to \mathbb{Z}/p, \quad \text{gegeben durch}$$
$$z + (p^\alpha) \to z + (p).$$

Behauptung. f *ist injektiv auf* G', *also ist* G' *isomorph zu* $(\mathbb{Z}/p)^\times$.

Beweis. Seien $\bar{z}_1, \bar{z}_2 \in G'$, $f(\bar{z}_1) = f(\bar{z}_2)$. Das heißt:
Für $z_1 \in \bar{z}_1, z_2 \in \bar{z}_2$ ist $z_1 - z_2 \equiv 0 \bmod p$, oder $z_1 = z_2 + \lambda \cdot p, \lambda \in \mathbb{Z}$.
Potenzieren wir mit $p - 1$, so gilt:
$z_1^{p-1} = z_2^{p-1} + (p-1)z_2^{p-2} \cdot \lambda p + \ldots + \lambda^{p-1} \cdot p^{p-1}$, und wegen $\operatorname{ord}(\bar{z}_i) \mid p - 1$ ist $1 + \lambda_1 p^\alpha = 1 + \lambda_2 p^\alpha + (p-1) z_2^{p-2} \lambda p + \ldots + \lambda^{p-1} p^{p-1}$ mit $\lambda_1, \lambda_2 \in \mathbb{Z}$.
Das heißt aber $w_p((p-1)z_2^{p-2} \cdot \lambda p + \ldots + \lambda^{p-1} p^{p-1}) = w_p(\lambda) + 1 \geq \alpha$ und somit $w_p(\lambda) \geq \alpha - 1$, oder

$$z_1 \equiv z_2 \bmod p^\alpha, \quad \text{also:} \quad \bar{z}_1 = \bar{z}_2. \square$$

Da nach Satz 3.4 $(\mathbb{Z}/p)^\times$ zyklisch ist, folgt: G' ist zyklisch und isomorph zu $\mathbb{Z}/p - 1$. Wir haben also Proposition 3.5 für $p \neq 2$ bewiesen.
Sei jetzt $p = 2$. Für $m = 4$ folgt: $\#(\mathbb{Z}/4)^\times = 2$, und somit $(\mathbb{Z}/4)^\times \simeq \mathbb{Z}/2$.
Sei $m = 2^\alpha$ mit $\alpha \geq 3$.

Wir zeigen: $(\mathbb{Z}/2^\alpha)^\times$ besitzt 3 Elemente der Ordnung 2, und eines dieser Elemente ($= x$) hat die Eigenschaft: Es gibt kein $y \in (\mathbb{Z}/2^\alpha)^\times$ mit $y^2 = x$. Aus Satz 2.6 folgt dann die Behauptung.
Sei also $\bar{z} \in (\mathbb{Z}/2^\alpha)^\times$, $z \in \bar{z}$, $z = 1 + \lambda \cdot 2$ (da z ungerade ist), $z \not\equiv 1 \bmod 2^\alpha$, aber $z^2 \equiv 1 \bmod 2^\alpha$. Das heißt:

$$z^2 = 1 + 4 \cdot \lambda + 4 \cdot \lambda^2 = 1 + 4(\lambda + \lambda^2) \equiv 1 \bmod 2^\alpha,$$

oder

$$\omega_2(\lambda + \lambda^2) \geq \alpha - 2.$$

Das bedeutet für λ:

$$\lambda + \lambda^2 = \mu \cdot 2^{\alpha-2}, \quad \text{oder}$$
$$\lambda(\lambda + 1) = \mu \cdot 2^{\alpha-2}.$$

Es gibt zwei Möglichkeiten: $2 \mid \lambda$ oder $2 \mid \lambda + 1$.
Nehmen wir an, daß $2 \mid \lambda$. Dann gilt: $2^{\alpha-2} \mid \lambda$, und λ hat die Form $\lambda = \lambda_0 \cdot 2^{\alpha-2}$ mit $2 \nmid \lambda_0$ (da sonst $z \equiv 1 \bmod 2^\alpha$). Also ist $z = 1 + \lambda_0 2^{\alpha-1}$, und da für $\lambda_0' \equiv \lambda_0 \bmod 2$

$$z' = 1 + \lambda_0' \cdot 2^{\alpha-1}$$

kongruent zu $z \bmod p^\alpha$ ist, bekommen wir auf diese Weise genau ein Element der Ordnung 2.

Nehmen wir an: $2^{\alpha-2} \mid \lambda + 1$, also $\lambda \equiv -1 \bmod 2^{\alpha-2}$, oder

$$\lambda = -1 + \lambda_0 \cdot 2^{\alpha-2}, \quad \text{und somit}$$
$$z = 1 - 2 + \lambda_0 \cdot 2^{\alpha-1} = -1 + \lambda_0 \cdot 2^{\alpha-1}.$$

Wieder folgt sofort, daß $z \equiv z' \bmod 2^\alpha$ ist, falls $\lambda_0 \equiv \lambda_0' \bmod 2$ ist. Also ergeben sich folgende weitere Elemente der Ordnung 2:

$$\bar{z}_1 = \overline{-1}, \bar{z}_2 = \overline{-1 + 2^{\alpha-1}}.$$

Nehmen wir nun an, daß $\bar{z}_1 = \bar{y}^2$ ist. Sei $y \in \bar{y}$. Dann ist

$$y^2 = (1 + \lambda \cdot 2)^2 \equiv -1 \bmod 2^\alpha \text{ (mit geeignetem } \lambda \in \mathbb{Z})$$

Also $4(\lambda + \lambda^2) \equiv -2 \bmod 2^\alpha$.

Da $\alpha \geq 3$ ist, ist dies wieder ein Widerspruch, und Proposition 3.5 ist bewiesen. □

Primitivwurzeln und Index

Sei im Folgenden $p \neq 2$. Dann wissen wir, daß $(\mathbb{Z}/p^\alpha)^\times$ zyklisch ist.

Definition. $w \in \mathbb{Z}$ heißt *Primitivwurzel* mod p^α, falls $(\mathbb{Z}/p^\alpha)^\times = \langle \bar{w} \rangle$, d. h. für jedes $z \in \mathbb{Z}$ mit $\mathrm{ggT}(z, p) = 1$ gibt es ein $k \in \mathbb{Z}$ mit $z \equiv w^k \bmod p^\alpha$.

Da $k \bmod \mathrm{ord}(w) = p^\alpha - p^{\alpha-1}$ eindeutig bestimmt ist und nur von der Klasse von $z \bmod p^\alpha$ abhängt, hat folgende Definition Sinn:

Definition. Der *Index* von $\bar{z} \in (\mathbb{Z}/p^\alpha)^\times$ ist gleich $\bar{k} := k + (p^\alpha - p^{\alpha-1})$, falls $w^k \in \bar{z}$.

(Der Index ist von der Auswahl von w abhängig!)

Die Bedeutung des Index liegt in der Vereinfachung der Multiplikation mod p^α (vgl. die Rolle des Logarithmus in $\mathbb{R}$:):

Seien $\bar{z}_1, \bar{z}_2 \in (\mathbb{Z}/p^\alpha)^\times$ mit Index $(\bar{z}_1) = \bar{k}_1$, Index $(\bar{z}_2) = \bar{k}_2$. Dann ist $\bar{z}_1 \cdot \bar{z}_2 = \overline{w^{k_1+k_2}}$.

Wir geben zwei Anwendungen:

Lemma 3.6. *Sei* $p \neq 2$. *Es gibt ein* $\bar{z} \in (\mathbb{Z}/p^\alpha)^\times$ *mit* $\bar{z}^2 = \overline{-1}$ *genau dann, wenn* $p \equiv 1 \bmod 4$ *ist.*

Beweis. Wegen $\overline{(-1)}^2 = 1$ ist (falls w Primitivwurzel ist)

$-1 \equiv w^{\left(\frac{p-1}{2}\right)p^{\alpha-1}} \bmod p^\alpha$. Also muß für $\bar{z}$ mit $\bar{z}^2 = \overline{-1}$ gelten:

$\left(\frac{p-1}{2}\right)p^{\alpha-1} \equiv 2 \cdot \text{Index } (\bar{z}) \bmod p^{\alpha-1}(p-1)$, und daher

$$2 \,\Big|\, \frac{p-1}{2}, \quad \text{oder} \quad p \equiv 1 \bmod 4.$$

Andererseits, falls $p \equiv 1 \bmod 4$ ist, ist $w^{\left(\frac{p-1}{4}\right)p^{\alpha-1}}$ ein Vertreter eines $\bar{z}$ mit $\bar{z}^2 = -1$. □

Lemma 3.7 (Wilson). *Es ist* $(p-1)! \equiv -1 \bmod p$.

Beweis. Für $p = 2$ ist $1 \equiv -1 \bmod 2$. Sei $p \neq 2$, w eine Primitivwurzel mod p. Dann ist

$$(p-1)! \equiv \prod_{i=1}^{p-2} w^i = w^{\sum_{i=1}^{p-2} i} = w^{\frac{p-1}{2}(p-2)} \equiv (-1)^{(p-2)} \bmod p.$$

Da $p-2$ ungerade ist, folgt $(p-1)! \equiv -1 \bmod p$. □

So nützlich Primitivwurzeln zum Rechnen sind, so schwierig ist es, eine Primitivwurzel zu finden.

Eine Rechenhilfe ist folgende Überlegung:

Es ist $w^{\left(\frac{p-1}{2}\right)p^{\alpha-1}} \equiv -1 \bmod p^\alpha$. Also: Suche $c \in \mathbb{Z}$ mit

$$c \equiv -1 \bmod p^\alpha \quad \text{und} \quad c \equiv x^{\left(\frac{p-1}{2}\right)p^{\alpha-1}} \bmod p^\alpha.$$

Dann ist x eine Primitivwurzel mod p^α.

Übungsaufgaben

1. Der Kassierer einer Bank stellt fest, daß beim Abpacken der bei ihm im Monat Mai eingezahlten Zehnmarkscheine in Bündeln zu je 2, 3, ..., 10 $(=: n-1)$ jeweils ein Schein, beim Abpacken in Bündeln zu je 11 $(=: n)$ Scheinen keiner übrigbleibt.

a) Wie hoch war die Einnahme der Bank mindestens?

b) Für welche Zahlen n hätte dem Kassierer so etwas sicher nicht passieren können?

2. (Algorithmus zum Lösen von simultanen Kongruenzen)

Es seien k natürliche Zahlen $m_1, \dots, m_k$ gegeben, die paarweise teilerfremd sind. Sei $m := m_1 \dots m_k$.

i) Zeige: Es gibt $e_1, \dots, e_k \in \mathbb{N}$ so, daß

$e_i^2 \equiv e_i \bmod m$ und

$e_i e_j \equiv 0 \bmod m$ für $i \neq j$.

Hinweis: Man bestimme $e_1, \dots, e_k$ so, daß

$$e_i \equiv \begin{cases} 1 \bmod m_i \\ 0 \bmod m_j \quad (i \neq j) \end{cases}$$

ist.

ii) Seien $a_i \in \mathbb{Z}$ $(1 \leq i \leq k)$. Sei $x := \Sigma\, a_i e_i$. Dann ist

$x \equiv a_i \bmod m_i$ für $1 \leq i \leq k$.

iii) Man löse das Kongruenzsystem

$$x \equiv 2 \bmod 3$$
$$x \equiv 3 \bmod 4$$
$$x \equiv 4 \bmod 5$$
$$x \equiv 1 \bmod 7.$$

3. Man bestimme alle (positiven) Primitivwurzeln w der Primzahlen ≤ 17 und stelle Indextabellen zur jeweils kleinsten Primitivwurzel für $p = 11, 17$ auf. Verwenden Sie diese Indextabelle, um das Kongruenzsystem

$$10X \equiv 1 \bmod 11$$
$$3X^5 \equiv 8 \bmod 11$$
$$2X^2 \cdot 3Y^3 \equiv 9 \bmod 11$$

zu lösen.

4. Man finde eine nichttriviale Lösung der Kongruenz

$$X^3 \equiv 1 \bmod 14553.$$

Hinweis: Es existieren genau 9 modulo 14553 inkongruente Lösungen. Man benutze Primitivwurzeln, um die Kongruenz in 9 Systeme von jeweils 3 simultanen Kongruenzen zu zerlegen.

5. Zeige: Für $n \in \mathbb{P}$ ist für alle $a \in \mathbb{Z}$

$$a^n \equiv a \bmod n.$$

(„Kleiner Fermatscher Satz").

Teste damit, ob $n = 559, 1103, 493, 1729, 2456$ eine Primzahl ist. (Es kann sein, daß dieser Test für n positiv ausfällt und n trotzdem keine Primzahl ist!)

6. Der Satz von Wilson kann folgendermaßen verallgemeinert werden:

Sei A eine endliche abelsche Gruppe, bei der wir die Verknüpfung additiv schreiben. Dann gilt:

$$2 \cdot \sum_{a \in A} a = 0_A, \quad \text{und} \quad \sum_{a \in A} a \neq 0_A$$

genau dann, wenn $A_2 = \{a \in A; 2a = 0_A\} \cong \mathbb{Z}/2$ ist.

Kapitel III Komplettierungen von $\mathbb{Q}$

§ 1 Reelle Zahlen

Die reellen Zahlen und ihre grundlegenden Eigenschaften als Oberkörper von $\mathbb{Q}$ sind dem Leser wohl schon aus der Analysisvorlesung bekannt. Zur Bequemlichkeit skizzieren wir in diesem Paragraphen eine Möglichkeit, sie zu konstruieren.

Der von uns in § 1 von Kapitel I konstruierte Körper $\mathbb{Q}$ der rationalen Zahlen besitzt außer den schon betrachteten arithmetischen Eigenschaften auch *metrische* Eigenschaften, die weitere Informationen über $\mathbb{Q}$ und vor allem über Funktionen auf $\mathbb{Q}$ liefern.

Eine Metrik von $\mathbb{Q}$ wird durch den *absoluten Betrag* $|\ |$ geliefert, der bekanntlich folgendermaßen definiert ist: Für $s \in \mathbb{Q}$ ist

$$|s| := \begin{cases} s, & \text{falls } s \geq 0 \\ -s, & \text{falls } s < 0 \end{cases}.$$

Die Betragsfunktion hat, wie ebenfalls wohlbekannt, folgende Eigenschaften: $|\ |$ ist eine Funktion von $\mathbb{Q}$ in $\mathbb{Q}$ mit

1. $|s| \geq 0$ für alle $s \in \mathbb{Q}$, und $|s| = 0$ genau dann, wenn $s = 0$ ist,
2. $|s_1 \cdot s_2| = |s_1| \cdot |s_2|$ für alle $s_1, s_2 \in \mathbb{Q}$,
3. $|s_1 + s_2| \leq |s_1| + |s_2|$ für alle $s_1, s_2 \in \mathbb{Q}$.

Die dritte Eigenschaft wird „Dreiecksungleichung" genannt. Für $s_1, s_2 \in \mathbb{Q}$ definieren wir

$$d(s_1, s_2) := |s_1 - s_2|.$$

$\mathbb{Q}$ wird durch d zu einem *metrischen Raum*, man kann „Entfernungen messen". Zu d gehört auf natürliche Weise ein Grenzwertbegriff: Sei $(s_i)_{i \in \mathbb{N}}$ eine Folge von rationalen Zahlen, $s \in \mathbb{Q}$.

Definition. $\lim_{i \to \infty} s_i = s$, falls gilt: Für alle $n \in \mathbb{N}$ gibt es ein $i_0(n)$, so daß für alle $i > i_0(n)$ gilt

$$d(s, s_i) = |s - s_i| < \frac{1}{n}.$$

Die anschauliche Interpretation dieser Definition ist: Sei $K(s)$ eine Kugel um s. Dann liegen bis auf endlich viele Ausnahmen alle Glieder der Folge $(s_i)_{i \in \mathbb{N}}$ in $K(s)$.

Natürlich erheben sich bei gegebener Folge $(s_i)_{i \in \mathbb{N}}$ sofort zwei Fragen:

1. Existiert $\lim_{i \to \infty} s_i$ (d.h. konvergiert die Folge $(s_i)_{i \in \mathbb{N}}$ in $\mathbb{Q}$)?
2. Wie kann der Grenzwert gefunden werden, falls $\lim_{i \to \infty} s_i$ existiert?

Unter glücklichen Umständen können beide Fragen gleichzeitig beantwortet werden, indem man den Grenzwert s direkt angibt.

Beispiel. 0 ist Grenzwert der Folge $(s_i)_{i \in \mathbb{N}}$ genau dann, wenn für alle $n \in \mathbb{N}$ gilt: Bis auf endlich viele Ausnahmen ist $d(s_i, 0) = |s_i| < 1/n$. In diesem Fall nennen wir $(s_i)_{i \in \mathbb{N}}$ eine *Nullfolge.*

Ein sehr wichtiges *notwendiges* Kriterium für die Konvergenz von $(s_i)_{i \in \mathbb{N}}$ ist aber anwendbar, ohne daß der Grenzwert bekannt ist:

Definition. $(s_i)_{i \in \mathbb{N}}$ heißt *Cauchyfolge,* falls gilt: Für alle $n \in \mathbb{N}$ gibt es ein $i_0(n) \in \mathbb{N}$, so daß für alle $\nu, \mu > i_0(n)$ gilt:

$$d(s_\nu, s_\mu) = |s_\nu - s_\mu| < \frac{1}{n}.$$

Es gilt: Falls $(s_i)_{i \in \mathbb{N}}$ konvergiert, dann ist $(s_i)_{i \in \mathbb{N}}$ cinc Cauchyfolge.

Der Beweis dieser Aussage ist elementar und kann dem Leser als Übungsaufgabe überlassen werden.

Sehr bequem wäre die Umkehrung dieser Aussage: „Jede Cauchyfolge $(s_i)_{i \in \mathbb{N}}$ besitzt einen Grenzwert in $\mathbb{Q}$". Bekanntlich ist dies falsch (Beispiel?), wir müssen $\mathbb{Q}$ noch einmal vergrößern.

Unser Ziel ist es, einen Körper $\mathbb{R}$ zu konstruieren, der folgende Eigenschaften hat:

(1) *Es gibt eine Injektion* $j: \mathbb{Q} \to \mathbb{R}$, *die mit der Addition und Multiplikation verträglich ist.*

(2) $\mathbb{R}$ *besitzt eine Ordnungsrelation, die die Ordnungsrelation von* $\mathbb{Q}$ *fortsetzt, d. h. falls wir die Relation „kleiner" in* $\mathbb{R}$ *mit dem Zeichen* $<_{\mathbb{R}}$ *beschreiben, so gilt:* $s_1 < s_2$ *(in* $\mathbb{Q}$*) genau dann, wenn* $j(s_1) <_{\mathbb{R}} j(s_2)$ *(in* $\mathbb{R}$ *) ist.*

(3) *Die Betragsfunktion* $|\ |_{\mathbb{R}}$ *sei auf* $\mathbb{R}$ *definiert durch*

$$|s| := \begin{cases} s, & \textit{falls } s >_{\mathbb{R}} 0 \\ 0, & \textit{falls } s = 0. \\ -s, & \textit{falls } s <_{\mathbb{R}} 0 \end{cases}$$

Dann definiert die Funktion $d_{\mathbb{R}}: \mathbb{R} \times \mathbb{R} \to \mathbb{R}$, *gegeben durch* $d_{\mathbb{R}}(r_1, r_2) := |r_1 - r_2|_{\mathbb{R}}$ *eine Metrik auf* $\mathbb{R}$, *die die Metrik auf* $\mathbb{Q}$, *die durch den Betrag* $|\ |$ *induziert wird, fortsetzt: Es gilt für alle* $s_1, s_2 \in \mathbb{Q}$: $j(d(s_1, s_2)) = d_{\mathbb{R}}(j(s_1), j(s_2))$.

(4) $\mathbb{Q}$ *ist (bzgl.* $d_{\mathbb{R}}$*) dicht in* $\mathbb{R}$, *d. h. für alle* $r \in \mathbb{R}$ *und für alle* $\epsilon \in \mathbb{R}$ *mit* $0 <_{\mathbb{R}} \epsilon$ *gibt es ein* $s \in \mathbb{Q}$ *mit* $|r - j(s)|_{\mathbb{R}} <_{\mathbb{R}} \epsilon$.

Cauchyfolgen $(r_i)_{i \in \mathbb{N}}$ von Elementen r_i aus $\mathbb{R}$ sind ganz analog zu den Cauchyfolgen in $\mathbb{Q}$ definiert: $(r_i)_{i \in \mathbb{N}}$ ist eine Cauchyfolge in $\mathbb{R}$, falls gilt: Für alle $n \in \mathbb{N}$ gibt es ein $i_0(n) \in \mathbb{N}$, so daß für alle $\nu, \mu > i_0(n)$ gilt $|r_\nu - r_\mu|_{\mathbb{R}} <_{\mathbb{R}} j(1/n)$.

Bemerkung. Man ändert nichts an der Definition von Cauchyfolgen, wenn man verlangt: Für alle $\epsilon \in \mathbb{R}$, $\epsilon >_{\mathbb{R}} 0$ gibt es ein $i_0(\epsilon) \in \mathbb{N}$, so daß für alle $\nu, \mu > i_0(n)$ gilt:

$$|r_\nu - r_\mu|_{\mathbb{R}} <_{\mathbb{R}} \epsilon \quad \text{(s. Übungsaufgabe 1).}$$

Wir können jetzt eine fünfte Eigenschaft von $\mathbb{R}$ formulieren, die zeigt, daß in $\mathbb{R}$ unser einfaches Konvergenzkriterium gilt:

(5) $\mathbb{R}$ *ist komplett, d. h.: Eine Folge* $(r_i)_{i\in\mathbb{N}}$ *hat einen Grenzwert in* $\mathbb{R}$ *genau dann, wenn diese Folge eine Cauchyfolge ist.*

Durch die Eigenschaften (1) bis (5) ist der Körper $\mathbb{R}$, falls er existiert, „eindeutig bestimmt". Eine genaue Formulierung dieser Aussage findet man in Übungsaufgabe 2.

Es ist also unbedeutend, wie man $\mathbb{R}$ konstruiert; es ist berechtigt, von $\mathbb{R}$ als *dem Körper der reellen Zahlen* zu sprechen.

In der Analysisvorlesung wird man im allgemeinen schon Konstruktionsverfahren für $\mathbb{R}$ gelernt haben; wir wählen hier ein Vorgehen, das auf Cantor zurückgeht, sehr stark algebraisch ausgerichtet ist und den Begriff von Cauchyfolgen in den Vordergrund stellt.

Sei $\mathfrak{F}$ gleich der Menge der Cauchyfolgen in $\mathbb{Q}$. Wir können in $\mathfrak{F}$ addieren und multiplizieren: Seien $(s_i)_{i\in\mathbb{N}}$ und $(t_i)_{i\in\mathbb{N}}$ Elemente aus $\mathfrak{F}$. Dann sei

$$(s_i)_{i\in\mathbb{N}} \underset{\cdot}{+} (t_i)_{i\in\mathbb{N}} := (s_i \underset{\cdot}{+} t_i)_{i\in\mathbb{N}}.$$ [1]

Man rechnet nach, daß $(\mathfrak{F}, +\, \cdot)$ ein kommutativer Ring ist, in dem die Folge $\mathbf{0} := (s_i)_{i\in\mathbb{N}}$ mit $s_i = 0$ für alle $i \in \mathbb{N}$ das Neutralelement bzgl. + und die Folge $\mathbf{1} := (s_i)_{i\in\mathbb{N}}$ mit $s_i = 1$ für alle $i \in \mathbb{N}$ das Neutralelement bzgl. der Multiplikation sind.

In $\mathfrak{F}$ bezeichne $\mathfrak{N}$ die Menge der Nullfolgen (s. o.). $\mathfrak{N}$ ist eine Untergruppe von $\mathfrak{F}$ (bzgl. +), denn $\mathbf{0} \in \mathfrak{N}$ und, falls $(s_i)_{i\in\mathbb{N}} \in \mathfrak{N}$, $(t_i)_{i\in\mathbb{N}} \in \mathfrak{N}$, dann ist auch $(s_i)_{i\in\mathbb{N}} + (-t_i)_{i\in\mathbb{N}} \in \mathfrak{N}$.

Sei weiterhin $(t_i)_{i\in\mathbb{N}} \in \mathfrak{N}$, $(s_i)_{i\in\mathbb{N}} \in \mathfrak{F}$. Dann ist $(s_i)_{i\in\mathbb{N}} \cdot (t_i)_{i\in\mathbb{N}} = (s_i\, t_i)_{i\in\mathbb{N}} \in \mathfrak{N}$, und daher ist $\mathfrak{N}$ ein Ideal in $\mathfrak{F}$.

Behauptung. $\mathfrak{F}/\mathfrak{N}$ *ist ein Körper.*

Beweis. Bekanntlich ist $\mathfrak{F}/\mathfrak{N}$ als Menge gleich der Menge der Restklassen $\{\overline{(s_i)} = (s_i)_{i\in\mathbb{N}} + \mathfrak{N};\ (s_i)_{i\in\mathbb{N}} \in \mathfrak{F}\}$, und die Verknüpfungen + und · in $\mathfrak{F}/\mathfrak{N}$ können mit Hilfe von Vertretern $(s_i)_{i\in\mathbb{N}} \in \overline{(s_i)}$ definiert werden. Um zu zeigen, daß $\mathfrak{F}/\mathfrak{N}$ ein Körper ist, ist zu zeigen:

Sei $(s_i)_{i\in\mathbb{N}} \in \overline{(s_i)} \neq \overline{\mathbf{0}}$. Dann gibt es eine Folge $(t_i)_{i\in\mathbb{N}} \in \mathfrak{F}$ mit $(s_i \cdot t_i)_{i\in\mathbb{N}} \in \overline{\mathbf{1}} = \mathbf{1} + \mathfrak{N}$.

---

[1] Im Folgenden verwenden wir Eigenschaften von Summen und Produkten von Folgen, die wohl aus der Analysis geläufig sind und die auch leicht verifizierbar sind (s. Übungsaufgabe 3!).

Für Cauchyfolgen $(s_i)_{i\in\mathbb{N}}$ folgt unmittelbar aus der Definition: Entweder ist $(s_i)_{i\in\mathbb{N}}$ eine Nullfolge, oder es gibt ein i_0, so daß $s_i \neq 0$ ist für alle $i > i_0$. Falls also $(s_i)_{i\in\mathbb{N}} \notin \mathfrak{N}$, so nehmen wir ein $i_0 \in \mathbb{N}$ mit obiger Eigenschaft und definieren:

$$t_i := \begin{cases} 1 & \text{für} \quad 1 \leq i \leq i_0 \\ \frac{1}{s_i} & \text{für} \quad i_0 < i \end{cases}$$

Dann ist $(t_i)_{i\in\mathbb{N}} \in \mathfrak{F}$, und es ist $(s_i \cdot t_i)_{i\in\mathbb{N}}$ eine Folge, bei der $s_i \cdot t_i = 1$ für alle $i > i_0$, daher ist $(s_i \cdot t_i)_{i\in\mathbb{N}} \in \mathbf{1} + \mathfrak{N}$.□

Wir bezeichnen jetzt den Körper $\mathfrak{F}/\mathfrak{N}$ mit $\mathbb{R}$.

Verifikation der Eigenschaften (1) bis (5)

zu (1): Eine Folge $(s_i)_{i\in\mathbb{N}}$ heißt konstant, falls für alle $i \in \mathbb{N}$ $s_i = s \in \mathbb{Q}$ ist. Wir haben schon $\mathbf{0}$ und $\mathbf{1}$ als konstante Folgen kennengelernt. Definieren wir nun allgemein: Für $s \in \mathbb{Q}$ bezeichnet $\mathbf{s}$ die konstante Folge mit den Folgengliedern $s_i = s$. Die Abbildung

$$j: \mathbb{Q} \to \mathbb{R}$$

wird definiert durch $j(s) := \mathbf{s} + \mathfrak{N}$.

j ist mit + und · verträglich und injektiv.

zu (2) und (3): Eine Cauchyfolge $(s_i)_{i\in\mathbb{N}}$, die keine Nullfolge ist, hat folgende Eigenschaft: Es gibt ein $i_0 \in \mathbb{N}$, so daß gilt: Entweder ist $s_i > 0$ für alle $i > i_0$ oder $s_i < 0$ für alle $i > i_0$.

Im ersten Fall sagen wir $(s_i)_{i\in\mathbb{N}} > \mathbf{0}$, und im zweiten Fall $(s_i)_{i\in\mathbb{N}} < \mathbf{0}$.

Es gilt: Sei $(s_i')_{i\in\mathbb{N}} \in (s_i)_{i\in\mathbb{N}} + \mathfrak{N}$. Dann ist $(s_i')_{i\in\mathbb{N}} > \mathbf{0}$ genau dann, wenn $(s_i)_{i\in\mathbb{N}} > \mathbf{0}$. Daher hat es Sinn, für Elemente $\overline{(s_i)} \in \mathbb{R}$ zu definieren:

$\overline{(s_i)} >_{\mathbb{R}} \overline{(0)}$, falls $(s_i)_{i\in\mathbb{N}} \in \overline{(s_i)}$ und $(s_i)_{i\in\mathbb{N}} > \mathbf{0}$, und $\overline{(s_i)} <_{\mathbb{R}} \overline{(0)}$, falls $(s_i)_{i\in\mathbb{N}} \in \overline{(s_i)}$ und $(s_i)_{i\in\mathbb{N}} < \mathbf{0}$.

Damit haben wir eine Ordnung $<_{\mathbb{R}}$ auf $\mathbb{R}$ definiert, und es ist klar, daß $<_{\mathbb{R}}$ die Ordnung $<$ von $\mathbb{Q}$ fortsetzt. Die Eigenschaften von $|\ |_{\mathbb{R}}$ und $d_{\mathbb{R}}$ folgen aus der Definition und aus den entsprechenden Eigenschaften von $|\ |$ bzw. d auf $\mathbb{Q}$.

zu (4): Sei $r = (r_i)_{i\in\mathbb{N}} + \mathfrak{N} \in \mathbb{R}$, $\epsilon = (\epsilon_i)_{i\in\mathbb{N}} + \mathfrak{N}$, $r_i, \epsilon_i \in \mathbb{Q}$ und (o. E.) $\epsilon_i > 0$. Da $\epsilon \notin \mathfrak{N}$, gibt es ein $n \in \mathbb{N}$ und ein $i_0 \in \mathbb{N}$, so daß $\epsilon_i > 1/n$ für alle $i \geq i_0$ ist.

Da $(r_i)_{i\in\mathbb{N}}$ eine Cauchyfolge ist, gibt es ein $i_1 \in \mathbb{N}$, so daß $i_1 > i_0$ und für alle $\mu, \nu > i_1$ gilt: $|r_\mu - r_\nu| < 1/n$. Sei $s = r_{i_1+1}$. Dann ist

$$\mathbf{s} - (r_i)_{i\in\mathbb{N}}$$

eine Cauchyfolge, bei der die Folgenglieder für $i > i_1$ einen Absolutbetrag $< 1/n$ haben, und daher ist

$$|j(s) - (r_i)_{i\in\mathbb{N}} + \mathfrak{N}|_{\mathbb{R}} <_{\mathbb{R}} j\left(\left(\frac{1}{n}\right)\right) <_{\mathbb{R}} \epsilon.$$

zu (5): Sei $(c_i)_{i \in \mathbb{N}}$ eine Folge von Elementen aus $\mathbb{R}$, die (in $\mathbb{R}$) eine Cauchyfolge bilden. Zu c_n sei $s_n \in \mathbb{Q}$ so gewählt, daß

$$|c_n - j(s_n)|_{\mathbb{R}} <_{\mathbb{R}} j\left(\frac{1}{3n}\right) \text{ für alle } n \in \mathbb{N}.$$

Weiter sei $i(n) > 0$ so gewählt, daß $i(n) \geq n$ und daß für alle $\nu, \mu > i(n)$ gilt:

$$|c_\nu - c_\mu|_{\mathbb{R}} <_{\mathbb{R}} j\left(\frac{1}{3n}\right).$$

Schätzen wir nun $|s_\nu - s_\mu|$ (für $\nu, \mu > i(n)$) ab:

$$j(|s_\nu - s_\mu|) \leq_{\mathbb{R}} |j(s_\nu) - c_\nu|_{\mathbb{R}} + |c_\nu - c_\mu|_{\mathbb{R}} + |c_\mu - j(s_\mu)|_{\mathbb{R}} \leq_{\mathbb{R}} j\left(\frac{1}{n}\right)$$

oder

$$|s_\nu - s_\mu| \leq \frac{1}{n} \text{ für alle } \nu, \mu > i(n).$$

Daher ist die Folge $(s_i)_{i \in \mathbb{N}}$ eine Cauchyfolge aus $\mathbb{Q}$, und $(c_i)_{i \in \mathbb{N}}$ konvergiert gegen $(s_i)_{i \in \mathbb{N}} + \mathfrak{N}$ in $\mathbb{R}$.
In Zukunft stellen wir uns $\mathbb{Q}$ immer als Teilkörper von $\mathbb{R}$ vor, d. h. wir identifizieren s mit $j(s)$ und lassen bei $<$ und $|\ |$ den Index $\mathbb{R}$ weg.

Übungsaufgaben

1. a) Die Ordnung $<$ auf $\mathbb{R}$ ist archimedisch, das heißt: Sei $x \in \mathbb{R}$, $x > 0$. Dann gibt es zu jedem $y \in \mathbb{R}$ ein $n \in \mathbb{N}$, so daß $nx > y$ ist.

b) Eine reelle Folge $(r_i)_{i \in \mathbb{N}}$ ist Cauchyfolge genau dann, wenn für alle $\epsilon \in \mathbb{R}, \epsilon > 0$ ein $i_0(\epsilon) \in \mathbb{N}$ existiert, so daß für alle $\nu, \mu > i_0(\epsilon)$ gilt: $|r_\nu - r_\mu| < \epsilon$.

2. Sei $\mathbb{R}'$ ein Körper und $j'\colon \mathbb{Q} \to \mathbb{R}'$ ein Ringhomomorphismus, so daß bzgl. j' die Bedingungen (2)–(5) von S. 32 und S. 33 erfüllt sind. Zeige: Es gibt einen Körperisomorphismus $f\colon \mathbb{R} \to \mathbb{R}'$, so daß f mit den jeweiligen Ordnungen auf $\mathbb{R}$ bzw. $\mathbb{R}'$ verträglich ist und daß gilt: $f \circ j = j'$.

3. Führen Sie alle Beweisschritte, die bei der Konstruktion von $\mathbb{R}$ auftreten, sorgfältig durch.

4. Sei $S \subset \mathbb{R}$ eine Teilmenge, die nach oben beschränkt ist, d.h.: Es gibt eine Zahl $M \in \mathbb{N}$, so daß für alle $x \in S$ gilt: $x \leq M$.
Zeige: Es gibt genau ein Element $s \in \mathbb{R}$, für das gilt:

(1) Für alle $x \in S$ ist $x \leq s$.

(2) Falls für $s' \in \mathbb{R}$ ebenfalls $x \leq s'$ für alle $x \in S$ gilt, so ist $s \leq s'$.

(Schreibweise: $s = \operatorname{Sup}(S)$.)
Formuliere und beweise ein entsprechendes Resultat für nach unten beschränkte Teilmengen von $\mathbb{R}$.

5. Zeige: Jedes Polynom ungeraden Grades hat eine Nullstelle in $\mathbb{R}$, aber das Polynom $X^2 + 1$ hat keine Nullstelle in $\mathbb{R}$.

§ 2 Darstellung von Zahlen durch g-adische Ziffernentwicklung

Wir wollen in diesem Paragraphen eine bequemere Darstellung der reellen Zahlen beschreiben, wie sie „im täglichen Leben" benutzt wird.
Sei $g \in \mathbb{N}$, $g \geq 2$.

Definition. Das Vertretersystem $\{0, \ldots, g-1\}$ von $\mathbb{Z}/g$ nennen wir *Ziffern* (genauer: g-adische Ziffern).
Sei $a \in \mathbb{N} \cup \{0\}$ gegeben. Sei $M(a) = \{m \in \mathbb{N};\, g^{m+1} > a\}$. $M(a)$ ist nicht leer, da wegen $g > 1$ gilt:

$$g^m = (1 + g')^m = 1 + m \cdot g' + \sum_{\nu=2}^{m} \binom{m}{\nu} g'^{\nu} \geq mg' \geq m.$$

Sei $n \in M(a)$ minimal, das heißt

$$g^n \leq a < g^{n+1}.$$

Dann gibt es eine Ziffer a_n, so daß

$$a = a_n \cdot g^n + a' \quad \text{und} \quad 0 \leq a' < g^n \leq a.$$

Indem wir $n' \in M(a')$ minimal wählen, finden wir eine Ziffer $a_{n'}$ mit

$$a = a_n g^n + a_{n'} g^{n'} + a'' \quad \text{mit} \quad 0 \leq a'' < g^{n'} \leq a' < a \quad \text{und} \quad n' < n.$$

Dieses Verfahren kann fortgesetzt werden, und wir erhalten

$$a = \sum_{\nu=0}^{n} a_\nu g^\nu, \quad \text{wobei} \quad a_\nu \in \{0, \ldots, g-1\}.$$

Nach Konstruktion ist $a_n \neq 0$. Aus formalen Gründen ist es nützlich, diese Forderung aufzugeben, und wir haben folgende

Proposition und Definition 2.1. *Für* $a \in \mathbb{N} \cup \{0\}$ *existieren nichtnegative ganze Zahlen* n *und* $a_\nu \in \{0, \ldots, g-1\}$, *so daß*

$$a = \sum_{\nu=0}^{n} a_\nu g^\nu$$

ist. Die g-adischen Ziffern a_ν *sind eindeutig bestimmt.*
Falls man sich also auf ein festes $g > 1$ geeinigt hat, kann man a symbolisch geben durch die Ziffern

$$a_n a_{n-1} \ldots a_0 \quad \text{(Ziffernschreibweise)}.$$

1) Aus formalen Gründen summieren wir nach absteigenden g-Potenzen, es ist $\sum_{\nu=n}^{0} a_\nu g^\nu = \sum_{j=0}^{n} a_j g^j$, entsprechend ist $\sum_{\nu=n}^{-m} a_\nu g^\nu = \sum_{j=-m}^{n} a_j g^j$.

Sei $x \in \mathbb{R}, x \geq 0$. Wir wollen auch x „nach g-Potenzen" entwickeln. Dazu sei $x = [x] + x_0$ mit $[x]$ gleich der größten ganzen Zahl kleiner oder gleich x. Zu $[x]$ gibt es eine Ifferndarstellung

$$[x] = \sum_{\nu = n}^{0} a_\nu g^\nu. \text{ }^{1)}$$

Es ist $0 \leq x_0 < 1$.

Sei a_{-1} die eindeutig bestimmte Ziffer mit

$$a_{-1} g^{-1} \leq x_0 < (a_{-1} + 1) g^{-1}$$

Es ist $a_{-1} = [x_0 \cdot g]$. Sei $x_1 := x_0 - a_{-1} g^{-1}$. Dann ist $0 \leq x_1 < g^{-1}$, wir finden a_{-2} mit $a_{-2} g^{-2} \leq x_1 < (a_{-2} + 1) g^{-2}$ und bilden

$$x_2 = x_1 - a_{-2} g^{-2} \quad \text{mit} \quad 0 \leq x_2 < g^{-2}.$$

Wir setzen das Verfahren fort und erhalten damit eine Folge $(a_{-\nu})_{\nu \in \mathbb{N}}$ von Ziffern, so daß gilt

$$0 \leq x_m := x_0 - \sum_{\nu = -1}^{-m} a_\nu g^\nu < g^{-m} \quad \text{für alle m,}$$

oder anders ausgedrückt:

Die Folge $(x_m) = \left(x - \sum_{\nu = n}^{-m} a_\nu g^\nu\right)$ [1] konvergiert gegen 0 (in $\mathbb{R}$), oder im Sinne der Analysis:

$$x = \sum_{\nu = n}^{-\infty} a_\nu g^\nu.$$

Wir nennen die Folge $(a_\nu)_{\nu = n, \ldots, -\infty}$ eine *g-adische Ziffernentwicklung* von x.

Sei andererseits eine Folge $(a_\nu)_{\nu = n, \ldots, -\infty}$ von g-adischen Ziffern gegeben.

Dann ist wegen $|a_\nu| \leq g - 1$ und $g > 1$ $\sum_{\nu = n}^{-\infty} a_\nu g^\nu$ eine konvergente Reihe in $\mathbb{R}$.

Die Frage, die sofort entsteht, ist: Unter welchen Umständen ist $\sum_{\nu = n} a_\nu g^\nu \in \mathbb{Q}$?

Definition. $N \in \mathbb{N}$ heißt *Periode* der Folge $(a_\nu)_{\nu = n, \ldots, -\infty}$, falls es ein $m_0 \in \mathbb{N}$ gibt, so daß für $m \geq m_0$ gilt:

$$a_{-m} = a_{-m-N}.$$

Falls eine Folge eine Periode besitzt, heißt sie *periodisch*.

Satz 2.2. *Jedes* $x \in \mathbb{R}$ *mit* $x \geq 0$ *besitzt eine g-adische Ziffernentwicklung. Die Ziffernfolge* $(a_\nu)_{\nu = n, \ldots, -\infty}$ *ist genau dann periodisch, wenn* $x \in \mathbb{Q}$.

Beweis. Sei (a_ν) periodisch mit der Periode N, die etwa bei $-m_0$ beginnt. Sei $x = \sum_{\nu=n}^{-\infty} a_\nu g^\nu \in \mathbb{R}$. Da $\sum_{\nu=n}^{-m_0+1} a_\nu g^\nu$ eine endliche Summe ist, ist $x \in \mathbb{Q}$ genau dann, wenn $\sum_{\nu=-m_0}^{-\infty} a_\nu g^\nu \in \mathbb{Q}$:

Es ist $\sum_{\nu=-m_0}^{-\infty} a_\nu g^\nu$ absolut konvergent, also darf man umordnen und klammern:

$$\sum_{\nu=-m_0}^{-\infty} a_\nu g^\nu = \sum_{\lambda=0}^{\infty} \left(\sum_{\nu=-m_0-\lambda N}^{-m_0-(\lambda+1)N+1} a_\nu g^\nu \right) = \sum_{\lambda=0}^{\infty} g^{-\lambda N} \left(\sum_{\nu=-m_0}^{-m_0-N+1} a_\nu g^\nu \right) =$$

$$= \sum_{\lambda=0}^{\infty} c \cdot g^{-\lambda N} = c \cdot \frac{1}{1-g^{-N}} \in \mathbb{Q} \text{ mit } c = \sum_{\nu=-m_0}^{-m_0-N+1} a_\nu g^\nu .$$

Umkehrung. Sei $x \in \mathbb{Q}, x > 0$. Sei $x = n/g^w \cdot m$ mit $\operatorname{ggT}(m, g) = 1$. Da g Einheit in $\mathbb{Z}/m$ ist, gibt es ein $k \in \mathbb{N}$ mit

$$g^k \equiv 1 \bmod m, \quad \text{oder:} \quad -g^k + 1 = -\lambda \cdot m.$$

Erweitere x mit $-\lambda$ $(\lambda \neq 0)$, so gilt:

$$x = g^{-w} \cdot \frac{-\lambda \cdot n}{-g^k+1} .$$

Wir wählen nun h so, daß $0 \leq \lambda \cdot n < g^h$ ist. Da $\operatorname{ggT}(g^k - 1, g^h) = 1$ ist, gibt es $b, c \in \mathbb{Z}$ mit

$$b(g^k - 1) - cg^h = -\lambda \cdot n.$$

Wir können dabei c durch $c + \mu(g^k - 1)$ ersetzen (und müssen dann mit $b + \mu \cdot g^h$ anstelle von b rechnen), also können wir annehmen:

$$1 \leq c \leq g^k - 1.$$

Es ist

$$b(g^k - 1) = -\lambda \cdot n + cg^h, \quad \text{also} \quad b \geq 0, \quad \text{da} \quad \lambda \cdot n < g^h \quad \text{und} \quad c \geq 1.$$

Andererseits

$$-\lambda \cdot n + cg^h < c \cdot g^h \leq (g^k - 1)g^h, \quad \text{und daher} \quad 0 \leq b < g^h.$$

Es folgt:

$$x = g^{-w} \frac{b(g^k - 1) - cg^h}{-g^k + 1} = g^{-w-k}(-b(g^k - 1) + cg^h) \left(\sum_{\nu=0}^{\infty} g^{-\nu k} \right) .$$

Sei $b = b_{h-1}g^{h-1} + \ldots + b_0$, $c = c_{k-1}g^{k-1} + \ldots + c_0$, so haben wir

$$x = g^{-w-k}\{c_{k-1}g^{h+k-1} + \ldots + c_0 g^h - b_{h-1}g^{k+h-1} - \ldots - b_0 g^k +$$

$$+ b_{h-1}g^{h-1} + \ldots + b_0\}\left(\sum_{\nu=0}^{\infty} g^{-\nu k}\right) =$$

$$= g^{-w-k}\left\{c \cdot g^h - b \cdot g^k + \sum_{\nu=1}^{\infty}\left(\sum_{i=k-1}^{0} c_i g^{(h+i-\nu k)}\right)\right\} =$$

$$= g^{-w-k}\left\{x_0 + \sum_{\nu=1}^{\infty}\left(\sum_{i=k-1}^{0} c_i g^{(h+i-\nu k)}\right)\right\} \text{ mit } x_0 \in \mathbb{N}.$$

Damit hat x eine periodische Ziffernentwicklung. Die Länge der Periode ist gleich k, also gleich der Ordnung von g mod m. □

Korollar 1.3. *Es ist* $\mathbb{Q} \underset{\neq}{\subset} \mathbb{R}$. (O. B.: $\mathbb{R}$ *ist sogar überabzählbar, es gibt somit transzendente (d. h. keiner Polynomgleichung über* $\mathbb{Q}$ *genügende) Zahlen in* $\mathbb{R}$*).*

Wie steht es nun mit der Eindeutigkeit der Ziffernndarstellung?

Sei $x \in \mathbb{R}_{>0}$, $x = \sum_{\nu=n}^{-\infty} a_\nu g^\nu = \sum_{\nu=n}^{-\infty} a'_\nu g^\nu$. Dann ist

$$0 = \sum_{\nu=n}^{-\infty} (a_\nu - a'_\nu)g^\nu .$$

Sei k der erste Index mit $a_k \neq a'_k$. Dann ist

$$0 = \sum_{\nu=k}^{-\infty} (a_\nu - a'_\nu)g^\nu .$$

Durch Multiplizieren mit $\pm g^{-k}$ können wir erreichen: $k = 0$, $a_k - a'_k > 0$, oder

$$a_0 - a'_0 = \sum_{\nu=-1}^{-\infty} (a'_\nu - a_\nu)g^\nu.$$

Wegen $|a'_\nu - a_\nu| \leq g - 1$ folgt:

$$a_0 - a'_0 \leq \frac{g-1}{g\left(1 - \frac{1}{g}\right)} = 1, \text{ und}$$

$$a_0 - a'_0 < 1, \text{ falls nicht alle } (a'_\nu - a_\nu) = g - 1.$$

Da aber $a_0 - a'_0 \geq 1$ ist, folgt $a_0 - a'_0 = 1$ und

$$a'_\nu - a_\nu = g - 1 \quad \text{für} \quad \nu = -1, \ldots, -\infty.$$

Das heißt: $a'_\nu = g-1$, $a_\nu = 0$, und somit (mit den ursprünglichen Bezeichnungen)

$$x = \sum_{\nu=n}^{k-1} a_\nu g^\nu + a_k g^k = \sum_{\nu=n}^{k-1} a_\nu g^\nu + (a_k - 1) g^k + \sum_{\nu=k+1}^{-\infty} (g-1) g^\nu,$$

und dies ist die einzige Vieldeutigkeit, die bei der g-adischen Ziffernentwicklung auftritt. Verbietet man also z. B. die Periode der Länge 1 mit der Ziffer $g-1$, so ist die Zifferndarstellung eindeutig.

Übungsaufgabe

Finden Sie jeweils eine geeignete niedrige Potenz 10^i mit $10^i \equiv 1$ (bzw. -1) mod N für N = 7,9,11,13,27,37, und benutzen Sie dies, um mit Hilfe der Zifferndarstellung von $n \in \mathbb{N}$ im Zehnersystem die Teilerproben von n durch N zu formulieren und zu beweisen.

§ 3 Kettenbrüche

Wir lernen in diesem Paragraphen eine zweite Möglichkeit, reelle Zahlen in einer „arithmetisch günstigen" Weise als Grenzwert einer Folge von rationalen Zahlen darzustellen; es wird sich zeigen, daß diese Darstellung besonders für die reellen Zahlen x günstig ist, die als Nullstelle eines irreduziblen Polynoms vom Grad 2 mit rationalen Koeffizienten auftreten. Wir nennen solche Zahlen x *quadratische Irrationalzahlen.*[1])

Sei $x \in \mathbb{R}$. Dann ist

$$x = [x], \text{ falls } x \in \mathbb{Z},$$

oder

$$x = [x] + \frac{1}{y} \text{ mit } 1 < y \in \mathbb{R}, \text{ falls } x \notin \mathbb{Z}.$$

Jedenfalls ist $x - [x]$ „ziemlich klein", nämlich in $[0, 1)$.

Die Idee beim *Kettenbruchalgorithmus* ist nun, für den Fall, daß $x - [x] \neq 0$ ist, auf y dasselbe Verfahren wie auf x anzuwenden und so lange wie möglich fortzusetzen.

Zunächst einige Bezeichnungen: Seien $x_1, \ldots, x_n \in \mathbb{R}_{>0}$.

---

1) Die Erweiterungskörper von $\mathbb{Q}$, die durch Adjunktion solcher Zahlen zu $\mathbb{Q}$ entstehen, werden im Kapitel VI systematisch untersucht.

Definition. $[x_1, \dots, x_n] := x_1 + \cfrac{1}{x_2 + \cfrac{1}{x_3 + \cfrac{\ddots}{+ \cfrac{1}{x_{n-1} + \cfrac{1}{x_n}}}}}.$

Sei $x \in \mathbb{R}_{>1} = \{x \in \mathbb{R}; x > 1\}$. Wir suchen eine (eventuell endliche) Folge von *natürlichen Zahlen* $(a_i)_{i=1,\dots,n,\dots}$, so daß x von der Folge $([a_1, \dots, a_n])$ approximiert wird, d. h. entweder ist die Folge (a_i) endlich (also $i \leq n \in \mathbb{N}$) und es ist $x = [a_1, \dots, a_n]$, oder es ist $(a_i)_{i \in \mathbb{N}}$ eine unendliche Folge.

$$x = \lim_{n \to \infty} [a_1, \dots, a_n].$$

Um nicht immer wieder diese beiden Möglichkeiten in der Formulierung der Resultate unterscheiden zu müssen, erledigen wir den Fall, daß es endlich viele natürliche Zahlen $a_1, \dots, a_n$ gibt mit $x = [a_1, \dots, a_n]$, vorab.

Proposition 3.1. *Sei* $x \in \mathbb{R}_{>1}$. *Dann gibt es* $a_1, \dots, a_n \in \mathbb{N}$ *mit* $x = [a_1, \dots, a_n]$ *genau dann, wenn* $x \in \mathbb{Q}$ *ist.*

Beweis. Falls $x = [a_1, \dots, a_n]$, so folgt aus der Definition sofort, daß $x \in \mathbb{Q}$ ist. Sei umgekehrt $x \in \mathbb{Q}$, $x = y_0/y_1 > 1$, und $\mathrm{ggT}(y_0, y_1) = 1$. Wir verwenden nun den Euklidischen Algorithmus zur Bestimmung der Zahlen a_i:
Sei $y_0 = q_1 y_1 + y_2$ mit $0 \leq y_2 < y_1$, also:

$$x = \frac{y_0}{y_1} = q_1 + \frac{y_2}{y_1}.$$

Dann ist

$$[x] = q_1, \quad \text{und} \quad \frac{y_1}{y_2} > 1, \quad \text{falls} \quad q_1 \neq x.$$

Falls also $x \notin \mathbb{N}$, können wir mit dem Algorithmus fortfahren:
Wir finden ein $n \in \mathbb{N}$ und $q_2, \dots, q_n$ und $y_2, \dots, y_n \in \mathbb{N}$, so daß gilt

$$\begin{aligned} y_1 &= q_2 y_2 + y_3 \\ &\vdots \qquad \text{mit } y_i > 0 \text{ und } \frac{y_i}{y_{i+1}} > 1 \text{ für } 1 \leq i \leq n, \\ y_{n-1} &= q_n y_n \end{aligned}$$

und es ist

$$x = [q_1, \dots, q_n]. \square$$

Proposition 3.1 gestattet es uns nun, ab jetzt immer vorauszusetzen, daß $x \in \mathbb{R}_{>1} \setminus \mathbb{Q}$ ist. Wir sind dann sicher, daß jedenfalls eine unendliche Folge von natürlichen Zahlen (a_i) benötigt wird, um x als Grenzwert der Folge $[a_1, \dots, a_n]_{n \in \mathbb{N}}$ darzustellen

Wir definieren diese Folge (a_i) nun induktiv und führen gleichzeitig die reelle Folge der Restzahlen an, die die Güte der Approximation kontrolliert.

Sei also $x \in \mathbb{R}_{>1}, x \notin \mathbb{Q}$.

1. Schritt. $a_1 := [x], x_1 := x, x_2$ so, daß $x = a_1 + 1/x_2$.

Induktionsschritt: Sei $n > 1$. Seien $a_1, \dots, a_{n-1} \in \mathbb{N}$ gefunden, ebenso $x_1, \dots, x_n \in \mathbb{R}_{>1}$. Dann sei

$$a_n := [x_n], x_{n+1} \text{ so, daß } x = [a_1, \dots, a_n, x_{n+1}].$$

Es folgt: $x_n = a_n + 1/x_{n+1} = [x_n] + 1/x_{n+1}$, daher ist sicher $x_{n+1} \in \mathbb{R}_{>1}$, falls $[x_n] \neq x_n$ ist. Da aber $x \notin \mathbb{Q}$ liegt, ist sicher $x_n \notin \mathbb{N}$, also $[x_n] \neq x_n$.

Die Folge der Zahlen $(a_i)_{i \in \mathbb{N}}$ nennt man die *Kettenbruchentwicklung* von x, die Zahlen a_i heißen Teilnenner, die Zahlen x_i Restzahlen von x.

Sei $r_n := [a_1, \dots, a_n]$. r_n heißt n-ter Näherungsbruch von x. Man wird erwarten, daß (r_n) eine in $\mathbb{R}$ konvergente Folge mit $\lim_{n \to \infty} r_n = x$ ist.

Dies ist tatsächlich richtig, durch Induktion und Verwendung der Definition sieht man:

Falls die monoton wachsenden Folgen $(p_i)_{0 \leq i \leq n}$ und $(q_i)_{0 \leq i \leq n}$ induktiv definiert sind durch

$$p_0 = 1,\ p_1 = a_1,\ p_i = a_i p_{i-1} + p_{i-2} \quad \text{für } 2 \leq i \leq n \text{ und}$$

$$q_0 = 0,\ q_1 = 1,\ q_i = a_i q_{i-1} + q_{i-2} \quad \text{für } 2 \leq i \leq n,$$

so ist

$$r_n = \frac{p_n}{q_n},\quad x = \frac{p_n x_{n+1} + p_{n-1}}{q_n x_{n+1} + q_{n-1}},\quad \lim_{n \to \infty} r_n = x,$$

und sogar genauer

$$\left| x - \frac{p_n}{q_n} \right| < \frac{1}{q_n^2} \quad \text{für alle } n \in \mathbb{N}.$$

Wir wissen jetzt, daß jede reelle Zahl x, die größer als 1 ist, als Grenzwert der Folge von rationalen Zahlen, die gleich den aus der Kettenbruchentwicklung von x hervorgehenden Näherungsbrüchen sind, dargestellt werden kann. Natürlich gilt auch die Umkehrung:

Sei $(a_i)_{i \in \mathbb{N}}$ eine beliebige Folge natürlicher Zahlen mit $a_i > 1$ für $i \geq 2$, $r_n := [a_1, \dots, a_n]$. Dann ist $(r_n)_{n \in \mathbb{N}}$ eine Folge, die gegen eine reelle Zahl > 1 konvergiert. (Die genaue Durchführung der eben gemachten Aussagen wird dem Leser als Übungsaufgabe 2 empfohlen.)

Bei der g-adischen Zifferentwicklung in § 2 haben die *periodischen* Ziffernentwicklungen eine Sonderrolle gespielt. Es liegt nahe, auch bei Kettenbrüchen periodische Entwicklungen genauer anzusehen.

Definition. Sei $x = \lim [a_1, \ldots, a_n]$, $a_i \in \mathbb{N}$. Dann heißt die Kettenbruchentwicklung *periodisch,* falls es ein $n_0 \in \mathbb{N}$ und ein $k \in \mathbb{N}$ gibt, so daß für alle $n \geq n_0$ gilt:

$$a_n = a_{n+k}.$$

Schreibweise. $x = [a_1, \ldots, \overline{a_{n_0}, \ldots, a_{n_0+k-1}}]$

Die Entwicklung heißt *rein periodisch,* falls $n_0 = 1$ gewählt werden kann.

Sei jetzt $x \in \mathbb{R}$ mit $x = [\overline{a_1, \ldots, a_k}]$, also mit rein periodischer Kettenbruchentwicklung. Dann ist jedenfalls $x > 1$ und $x \notin \mathbb{Q}$. Es ist

$$[\overline{a_1, \ldots, a_k}] = [a_1, \ldots, a_k, x],$$

da für die Restzahlen x_{k+1} gilt:

$$x_{k+1} = \lim_{n \to \infty} [a_{k+1}, \ldots, a_{k+n}]$$

und daher

$$x = \frac{p_k x + p_{k-1}}{q_k x + q_{k-1}}.$$

Das heißt aber

$$q_k x^2 + (q_{k-1} - p_k) x - p_{k-1} = 0,$$

d. h. x erfüllt eine quadratische Gleichung, die Koeffizienten in $\mathbb{Q}$ hat. Die Diskriminante dieser Gleichung ist gleich $(q_{k-1} - p_k)^2 + 4 q_k p_{k-1}$. Diese Diskriminante ist positiv und kein Quadrat in $\mathbb{Q}$, denn sonst wäre $x \in \mathbb{Q}$ und die Kettenbruchentwicklung müßte endlich sein.

Bemerkung. Falls $1 < x \in \mathbb{R}$ und die Kettenbruchentwicklung periodisch, aber nicht rein periodisch ist, so gilt ebenfalls: x ist Nullstelle eines irreduziblen Polynoms vom Grad 2 mit Koeffizienten aus $\mathbb{Q}$, also eine quadratische Irrationalzahl.

Wir wollen auch die Umkehrung dieser Aussage beweisen und untersuchen dazu noch etwas genauer Nullstellen von quadratischen Polynomen.

Sei x eine quadratische Irrationalzahl, seien $a, b, c \in \mathbb{Z}$ mit $a > 0$, so daß

$$ax^2 - bx - c = 0 \quad \text{und} \quad \operatorname{ggT}(a, b, c) = 1.$$

Dann heißt

$$D := b^2 + 4ac$$

die *Diskriminante von* x. D ist durch x eindeutig bestimmt, und da $x \in \mathbb{R} \setminus \mathbb{Q}$ liegt, ist $D > 0$ und kein Quadrat in $\mathbb{Q}$.

Die bekannte Auflösungsformel für quadratische Gleichungen liefert

$$x = \frac{b}{2a} + \frac{\sqrt{D}}{2a} \quad \text{oder} \quad x = \frac{b}{2a} - \frac{\sqrt{D}}{2a},$$

wobei $\sqrt{D}$ die positive reelle Wurzel aus D ist. Zusätzlich muß gelten:

$$x > 1.$$

Die von x verschiedene Nullstelle des Polynoms $ax^2 - bx - c$ sei x'.

Definition. Die quadratische Irrationalzahl x heißt *reduziert,* falls $x > 1$ und $-1 < x' < 0$ ist.

Lemma 3.2. *Sei* $D > 0$ *vorgegeben. Dann gibt es nur endlich viele quadratische Irrationalzahlen mit Diskriminante* D, *die reduziert sind.*

Beweis. Sei $x \notin \mathbb{Q}$ und x Nullstelle des Polynoms

$$ax^2 - bx - c \text{ mit } a > 0,\ a, b, c \in \mathbb{Z} \text{ und } \mathrm{ggT}(a, b, c) = 1.$$

Sei $b^2 + 4ac = D$. Sei x' die andere Nullstelle dieses Polynoms. Falls x reduziert ist, muß jedenfalls $x > x'$ sein, also ist

$$x = \frac{b}{2a} + \frac{\sqrt{D}}{2a} \quad \text{und} \quad x' = \frac{b}{2a} - \frac{\sqrt{D}}{2a},$$

also

$$0 < -x' = \frac{-b + \sqrt{D}}{2a} < 1.$$

Daher ist $x + x' > 0$, also $b/a > 0$, und da $a > 0$ ist, $b > 0$. Da wegen $x' < 0$ auch $b - \sqrt{D} < 0$ ist, ist $b < \sqrt{D}$, also $0 < b < \sqrt{D}$, d. h. wir haben nur endlich viele Möglichkeiten für die Wahl von b.
Aus $-x' < 1 < x$ folgt:

$$\frac{-b + \sqrt{D}}{2} < a < \frac{b + \sqrt{D}}{2},$$

damit haben wir auch (bei gewähltem b) für a nur endlich viele Möglichkeiten. Schließlich ist $D = b^2 + 4ac$, also ist c durch die Wahl von a ($\neq 0$), b und D eindeutig bestimmt, und unser Lemma ist klar. □
Nun betrachten wir die Kettenbruchentwicklung einer quadratischen Irrationalzahl x mit Diskriminante D.

Lemma 3.3. *Für jede Restzahl* x_i *von* x *gilt:*
x_i *ist quadratische Irrationalzahl mit Diskriminante* D, *und es gibt ein* i_0, *so daß für* $i > i_0$ x_i *reduziert ist.*

Beweis. Daß x_i quadratische Irrationalzahl ist, folgt sofort aus $x = [a_1, \ldots, a_{i-1}, x_i]$.

Zur Diskriminante: Wir machen Induktion nach i.
Da $x_1 = x$ ist, ist der Induktionsanfang klar.
Sei schon bewiesen, daß die Diskriminante von x_i gleich D ist ($i \geq 1$). Es ist

$$x_i = a_i + \frac{1}{x_{i+1}}$$

und (für geeignete $a, b, c \in \mathbb{Z}$ mit $D = b^2 + 4ac$):

$$ax_i^2 - bx_i - c = 0,$$

also

$$a\left(a_i + \frac{1}{x_{i+1}}\right)^2 - b\left(a_i + \frac{1}{x_{i+1}}\right) - c = 0.$$

Dies ist aber gleichbedeutend mit

$$a(a_i x_{i+1} + 1)^2 - ba_i x_{i+1}^2 - bx_{i+1} - cx_{i+1}^2 = 0, \quad \text{oder}$$

$$(*) \quad (aa_i^2 - ba_i - c)x_{i+1}^2 - (b - 2aa_i)x_{i+1} + a = 0.$$

Es ist $\operatorname{ggT}(a, b - 2aa_i) = \operatorname{ggT}(a, b)$, daher teilt $\operatorname{ggT}(a, b - 2aa_i, aa_i^2 - ba_i - c)$ auch c, also ist, wegen $\operatorname{ggT}(a, b, c) = 1$ auch $\operatorname{ggT}(a, b - 2aa_i, aa_i^2 - ba_i - c) = 1$, wir können deshalb die Relation (*) zur Berechnung der Diskriminante von x_{i+1} verwenden und erhalten die Behauptung durch eine elementare Rechnung.
Um Lemma 3.3 vollständig zu beweisen, müssen wir noch die Aussage über die Reduziertheit beweisen.
Dazu beweist man (etwa durch Induktion) die Formel: Falls x_i' die von x_i verschiedene Nullstelle des quadratischen Polynoms ist, das zu x_i gehört, ist

$$x_i' = \frac{q_{i-2}x' - p_{i-2}}{-q_{i-1}x' + p_{i-1}}$$

und daher

$$-\frac{1}{x_i'} - 1 = \frac{1}{q_{i-2}}\left(q_{i-1} - q_{i-2} - \frac{(-1)^{i-1}}{q_{i-2}\left(x' - \frac{p_{i-2}}{q_{i-2}}\right)}\right).$$

Nun ist die Folge der (q_i) monoton wachsend und $\lim_{i\to\infty} (p_i/q_i) = x \neq x'$, also ist für ausreichend großes i

$$-\frac{1}{x_i'} - 1 > 0 \quad \text{oder} \quad -\frac{1}{x_i'} > 1. \square$$

Nach diesen Vorarbeiten ist es uns leicht, folgenden Satz zu beweisen.

Satz 3.4 (Euler, Lagrange). *Eine reelle Zahl* $x > 1$ *hat eine periodische Kettenbruchentwicklung genau dann, wenn* x *eine quadratische Irrationalzahl ist.*

Beweis. „⇒": Dieser Teil stammt von Euler, wir haben ihn schon oben vollständig bewiesen.

„$\Leftarrow$" (Lagrange): Falls x eine quadratische Irrationalzahl ist, liefern die Lemmata 3.2 und 3.3, daß es für geeignetes i_0 und für $i > i_0$ nur endlich viele Möglichkeiten für x_i gibt.

Sei etwa $x_{i_0+1} = x_{i_0+l+1}$. Dann ist $a_{i_0+l+1} = a_{i_0+1}$, und daher $x_{i_0+2} = x_{i_0+l+2}$, und daraus folgt $a_{i_0+2} = a_{i_0+l+2}$.
Durch Induktion folgt jetzt leicht, daß $a_i = a_{i+l}$ für alle $i > i_0$ ist. □

Übungsaufgaben

1. Sei $d \in \mathbb{N} \setminus \{1\}$ quadratfrei, d.h. für alle $p \in \mathbb{P}$ ist $0 \leq w_p(d) \leq 1$. Sei

$$w := \begin{cases} \sqrt{d}\,, & \text{falls } d \equiv 2, 3 \bmod 4\,, \\ \dfrac{1+\sqrt{d}}{2}\,, & \text{falls } d \equiv 1 \bmod 4\,. \end{cases}$$

   i) Zeige:

$$\eta := \frac{1}{w - [w]} \quad \text{ist eine reduzierte quadratische Irrationalzahl.}$$

   ii) Berechnen Sie für $d = 19$ die Kettenbruchentwicklung von η und zeigen Sie, daß die minimale Periodenlänge gleich 6 ist. Bilden Sie $\epsilon = q_6\eta + q_5$ und zeigen Sie, daß es $z_1, z_2 \in \mathbb{Z}$ gibt, so daß $\epsilon = z_1 + z_2 w$ und berechnen Sie $(z_1 + z_2 w)(z_1 - z_2 w)$.

2. Zeige die Richtigkeit der Induktionsformeln für p_n, q_n, r_n und für $\left| x - \frac{p_n}{q_n} \right|$ von Seite 42.

3. Zeige den „Satz von Galois": Eine quadratische Irrationalzahl hat rein periodische Kettenbruchentwicklung genau dann, wenn sie reduziert ist.

§ 4 p-adische Zahlen

Wir haben in § 1 die Betragsfunktion $|\,|$ auf $\mathbb{Q}$ benutzt, um $\mathbb{Q}$ die Struktur eines metrischen Raumes zu geben. Das Bemühen, einfache Konvergenzsätze in dieser Metrik zu haben, führte zu den reellen Zahlen.

In Kapitel I, § 3 definierten wir für jede Primzahl p die p-adische Bewertung $w_p : \mathbb{Q} \to \mathbb{Z} \cup \{\infty\}$, die sehr eng mit einer anderen metrischen Struktur von $\mathbb{Q}$. der p-*adischen* Metrik, zusammenhängt:

Die Funktion

$$\varphi_p : \mathbb{Q} \to \mathbb{Q}$$

gegeben durch

$$\varphi_p(s) = \begin{cases} p^{-w_p(s)} & \text{für} \quad s \in \mathbb{Q}\setminus\{0\} \\ 0 & \text{für} \quad s = 0 \end{cases}$$

erfüllt:

1. $\varphi_p(s) \geq 0$ für alle $s \in \mathbb{Q}$, und
   $\varphi_p(s) = 0$ genau dann, wenn $s = 0$ ist.
2. $\varphi_p(s_1 \cdot s_2) = \varphi_p(s_1) \cdot \varphi_p(s_2)$ für $s_1, s_2 \in \mathbb{Q}$.
3. $\varphi_p(s_1 + s_2) \leq \text{Max}\,\{\varphi_p(s_1), \varphi_p(s_2)\} \leq \varphi_p(s_1) + \varphi_p(s_2)$.

Die erste Ungleichung in 3. wird als „verschärfte Dreiecksgleichung" bezeichnet. Sie hat zur Folge, daß

$$\varphi_p(n) \leq \varphi_p(1) = \varphi_p(1) \cdot \varphi_p(1) = 1$$

ist. (Dies folgt natürlich auch direkt aus der Definition von φ_p.) Insbesonders gilt bzgl. φ_p nicht das archimedische Axiom: Zu $s \in \mathbb{Q}$ gibt es im allgemeinen kein $n \in \mathbb{N}$ mit $\varphi_p(s) \leq \varphi_p(n)$.

Definieren wir nun für $x_1, x_2 \in \mathbb{Q}$

$$d_p(x_1, x_2) := \varphi_p(x_1 - x_2),$$

so erfüllt d_p alle Bedingungen, die man an eine Metrik stellt; wir nennen d_p die p-*adische Metrik* von $\mathbb{Q}$.

Man beachte: Zwei Zahlen $s_1, s_2 \in \mathbb{Q}$ liegen „nahe beieinander", falls ihre Differenz durch eine hohe p-Potenz teilbar ist. (Die absolute Größe dieser Differenz spielt keine Rolle.) Z. B. liegen die Zahlen p^i ($i \in \mathbb{N}$) für großes i nahe bei 0.

Es macht nun keine Schwierigkeiten, die Definitionen aus § 1, die Konvergenz von Folgen und Cauchyfolgen betreffen, in der p-adischen Metrik zu formulieren. Wir überlassen dies dem Leser.

Es zeigt sich wieder, daß es Cauchyfolgen in $\mathbb{Q}$ bzgl. d_p gibt, die in $\mathbb{Q}$ nicht konvergieren (s. Übungsaufgabe 3), daß $\mathbb{Q}$ also nicht komplett bzgl. d_p ist.

Eine Komplettierung von $\mathbb{Q}$ bzgl. d_p kann man formal völlig gleich wie bei der $|\ |$-Metrik in § 1 gewinnen, indem man wieder Cauchyfolgen und Nullfolgen betrachtet.

Wir wollen aber zur Abwechslung im p-adischen Fall direkter vorgehen und die „p-adische Reihenentwicklung" (die der g-adischen Entwicklung in $\mathbb{R}$ entspricht) zur Konstruktion verwenden.

Konstruktion von $\mathbb{Q}_p$

Sei $\mathbb{Z}_{(p)} = \{s \in \mathbb{Q}; w_p(s) \geq 0\} = \{x \in \mathbb{Q}; \varphi_p(x) \leq 1\}$.
Wir betrachten Folgen $(s_n)_{n \in \mathbb{N} \cup 0}$ mit $s_n \in \mathbb{Z}_{(p)}$ und $s_n \equiv s_{n+1}$ mod $p^{n+1} \cdot \mathbb{Z}_{(p)}$[1]) und führen folgende Äquivalenzrelation ein:

$(s_n) \sim (s_n')$ genau dann, wenn

$s_n \equiv s_n' \bmod p^{n+1} \cdot \mathbb{Z}_{(p)}$ für alle n.

Definition. Die Äquivalenzklasse einer Folge (s_n) mit $s_n \in \mathbb{Z}_{(p)}$ und $s_n \equiv s_{n+1} \bmod p^{n+1} \cdot \mathbb{Z}_{(p)}$ für alle n heißt *ganze p-adische Zahl.* Die Menge dieser Äquivalenzklassen bezeichnen wir mit $\mathbb{Z}_p$.

Beispiel. $(s_n = 0) \sim (s_n')$ mit $w_p(s_n') \geq n + 1$.
Wir erhalten eine injektive Abbildung von $\mathbb{Z}_{(p)}$ in $\mathbb{Z}_p$ durch folgende Vorschrift: s wird die Klasse der konstanten Folge s zugeordnet, bei der alle Folgenglieder gleich s sind (vgl. § 1). In jeder Äquivalenzklasse von Folgen wählen wir nun eine bestimmte Folge aus.
Wir gehen dabei von (s_n) aus. Sei $0 \leq \bar{s}_n < p^{n+1}$ mit $\bar{s}_n \in \mathbb{Z}$ und $\bar{s}_n \equiv s_n \bmod p^{n+1} \cdot \mathbb{Z}_{(p)}$. (Dies existiert: Sei $s_n = r/q$, $w_p(q) = 0$.
Dann gibt es ein t mit $q \cdot t \equiv 1 \bmod p^{n+1}$. Wähle $\bar{s}_n$ zwischen 0 und p^{n+1} mit $\bar{s}_n \equiv r \cdot t \bmod p^{n+1}$.
Dann ist $\bar{s}_n - s_n = r \cdot t + \lambda \cdot p^{n+1} - r/q = (rqt - r)/q + \lambda p^{n+1} \in p^{n+1} \cdot \mathbb{Z}_{(p)}$.)

Dann ist $(s_n) \sim (\bar{s}_n)$, und $(\bar{s}_n)$ ist in der Klasse von (s_n) eindeutig bestimmt. $(\bar{s}_n)$ heißt *Standardfolge,* und wir haben eine bijektive Abbildung zwischen $\mathbb{Z}_p$ und der Menge der Standardfolgen.
Wir können $\bar{s}_n$ noch in p-adischer Zifferndarstellung angeben:

$\bar{s}_i = a_0 + a_1 p + \ldots + a_i p^i$, und *symbolisch* $(\bar{s}_n)$ mit $\sum_{i=0}^{\infty} a_i p^i$ bezeichnen.
Dann haben wir

$$\mathbb{Z}_p \longleftrightarrow \left\{ \sum_{i=0}^{\infty} a_i p^i;\ 0 \leq a_i < p \right\}.$$

Die (formal zu verstehende) Reihe $\sum_{i=0}^{\infty} a_i p^i$ heißt die *p-adische Entwicklung* der p-adischen Zahl, die als Klasse von $\left(\sum_{i=0}^{n} a_i p^i \right)$ bestimmt ist.

Wir rechnen nun in $\mathbb{Z}_p$:
Sei $\alpha, \beta \in \mathbb{Z}_p$, $\alpha \ni (s_n)$, $\beta \ni (t_n)$.

---

1) d. h. $s_n - s_{n+1} \in p^{n+1} \mathbb{Z}_{(p)} = \{p^{n+1} \cdot y; y \in \mathbb{Z}_{(p)}\} = \{s \in \mathbb{Q}; \varphi_p(s) \leq p^{-(n+1)}\}$

Definition. $\alpha \dotplus \beta := (s_n \dotplus t_n)$.

Damit diese Definition Sinn hat, ist zu zeigen:

1. $(s_n \dotplus t_n)$ gibt wieder eine ganze p-adische Zahl.
2. $\dotplus$ ist unabhängig von der Vertreterwahl.

Dann folgt:

3. $+$ und $\cdot$ sind kommutativ und geben $\mathbb{Z}_p$ die Struktur eines nullteilerfreien Ringes mit 1-Element.

   Die Abbildung

   $$\mathbb{Z}_{(p)} \to \mathbb{Z}_p, \text{ die } s \in \mathbb{Z}_{(p)} \text{ die Klasse von } s \text{ zuordnet,}$$

   ist ein Ringmonomorphismus. Wir fassen deshalb in Zukunft $\mathbb{Z}_{(p)}$ als Unterring auf.

Der Beweis dieser Eigenschaften ist eine leichte Übung.

Fortsetzung von w_p auf $\mathbb{Z}_p$

Sei $\alpha \in \mathbb{Z}_p, \alpha \ni (s_n)$. Dann ist $s_n \equiv s_{n+1} \bmod p^{n+1} \cdot \mathbb{Z}_{(p)}$, also ist entweder

$$w_p(s_n) \geq n+1 \quad \text{oder} \quad w_p(s_n) = w_p(s_{n+1}).$$

(Denn: $s_n - s_{n+1} = \lambda \cdot p^{n+1}$ mit $\lambda \in \mathbb{Z}_{(p)}$. Falls $w_p(s_n) \neq w_p(s_{n+1})$ ist, ist $w_p(\lambda \cdot p^{n+1}) = \operatorname{Min}\{w_p(s_n), w_p(s_{n+1})\} \geq n+1$, also auch $w_p(s_n) \geq n+1$.)

Folgerung. Entweder ist $\lim\limits_{n \to \infty} w_p(s_n) = \infty$, oder es gibt ein N, so daß für alle $n \geq N$ gilt: $w_p(s_n) = w_p(s_N)$.

Definition. $w_p(\alpha) := \lim\limits_{n \to \infty} w_p(s_n)$, wenn $(s_n) \in \alpha$.

Diese Definition ist wieder unabhängig von der Vertreterwahl:
Sei nämlich $(s_n') \in \alpha$, dann ist $w_p(s_n' - s_n) \geq n+1$. Falls $\lim\limits_{n \to \infty} w_p(s_n) = \infty$, folgt daher auch: $\lim\limits_{n \to \infty} w_p(s_n') = \infty$, und falls $w_p(s_n) = k$ ist für alle $n > N$, folgt für $n \geq \operatorname{Max}(k, N)$: $w_p(s_n') = k$.

Sei $\sum\limits_{i=0}^{\infty} a_i p^i$ die p-adische Entwicklung von $\alpha \in \mathbb{Z}$. Dann ist $w_p(\alpha) = \operatorname{Min}\limits_{a_i \neq 0} \{i\}$.

Folgende Rechenregeln folgen sofort aus den entsprechenden Regeln für die p-adische Bewertung auf $\mathbb{Z}_{(p)}$ und aus der Definition:

1. Falls $\alpha \in \mathbb{Z}_{(p)}$ liegt, ist $w_p(\alpha)$ gleich dem Wert der p-adischen Bewertung von $\mathbb{Q}$ im Punkt α.
2. $w_p(\alpha) = \infty \Longleftrightarrow \alpha = 0$.
3. $w_p(\alpha) \geq 0$ für alle $\alpha \in \mathbb{Z}_p$
4. $w_p(\alpha \cdot \beta) = w_p(\alpha) + w_p(\beta)$.

5. $w_p(\alpha+\beta) \geq \mathrm{Min}(w_p(\alpha), w_p(\beta))$.
6. $w_p(\alpha+\beta) = \mathrm{Min}(w_p(\alpha), w_p(\beta))$, falls $w_p(\alpha) \neq w_p(\beta)$.

Bestimmung von $\mathbb{Z}_p^\times$

Sei $\alpha \in \mathbb{Z}_p$, sei α durch die Folge (s_n) mit $s_n \in \mathbb{Z}_{(p)}$ gegeben.

Proposition 4.1. *α ist Einheit in $\mathbb{Z}_p$ genau dann, wenn $w_p(\alpha) = 0$ ist.*

Beweis. Sei $\alpha \in \mathbb{Z}_p^\times$. Dann gibt es eine Folge (t_n), so daß $(s_n \cdot t_n) \sim (1)$, d.h. $s_n \cdot t_n \equiv 1 \bmod p^{n+1} \cdot \mathbb{Z}_{(p)}$ oder $w_p(s_n t_n - 1) \geq n+1$. Das geht aber nur, falls $w_p(s_n \cdot t_n) = 0$ ist. Wegen $s_n, t_n \in \mathbb{Z}_{(p)}$ folgt: $w_p(s_n) = 0$ für alle n und somit nach Definition $w_p(\alpha) = 0$.
Sei umgekehrt $w_p(\alpha) = 0$. Dann gibt es ein minimales N, so daß für alle $n \geq N$ gilt: $w_p(s_n) = 0$. Sei $N \geq 1$. Da $s_{N-1} \equiv s_N \bmod p^N$ ist, folgt: $w_p(s_{N-1} - s_N) \geq N \geq 1$. Wegen $w_p(s_N) = 0$ folgt: $w_p(s_{N-1}) = 0$. Also muß $N = 0$ sein. Daher sind alle $s_n \in \mathbb{Z}_{(p)}^\times$.
Betrachte die Folge (s_n^{-1}). Wenn wir zeigen können, daß (s_n^{-1}) eine ganze p-adische Zahl definiert, dann haben wir das Inverse zu α gefunden. Nun ist $s_n \equiv s_{n+1} \bmod p^{n+1} \cdot \mathbb{Z}_{(p)}$, also:

$$s_n - s_{n+1} = \lambda \cdot p^{n+1} \quad \text{mit} \quad \lambda \in \mathbb{Z}_{(p)}.$$

Daher ist

$$s_n^{-1} - s_{n+1}^{-1} = \frac{s_{n+1} - s_n}{s_n \cdot s_{n+1}} = \frac{-\lambda \cdot p^{n+1}}{s_n \cdot s_{n+1}} \in p^{n+1} \cdot \mathbb{Z}_{(p)},$$

und daher definiert (s_n^{-1}) ein Element aus $\mathbb{Z}_p$. □

Korollar 4.2. *Jedes Element $\alpha \in \mathbb{Z}_p \setminus \{0\}$ besitzt eine eindeutige Darstellung $\alpha = \epsilon \cdot p^{w_p(\alpha)}$ mit $\epsilon \in \mathbb{Z}_p^\times$.*

Beweis. $\alpha \ni \sum\limits_{i=w_p(\alpha)}^{\infty} a_i p^i = p^{w_p(\alpha)} \cdot \sum\limits_{i=0}^{\infty} a_{i+w_p(\alpha)} \cdot p^i$, und $\sum\limits_{i=0}^{\infty} a_{i+w_p(\alpha)} \cdot p^i$ ist die p-adische Entwicklung einer Einheit. □

Wir betrachten nun Paare (α, p^n) mit $\alpha \in \mathbb{Z}_p, n \geq 0$ und führen die Äquivalenzrelation $\sim$ ein:

$$(\alpha, p^n) \sim (\alpha', p^{n'}) \Leftrightarrow \alpha \cdot p^{n'} = \alpha' \cdot p^n \quad (\text{in } \mathbb{Z}_p).$$

Definition. $\mathbb{Q}_p := \{(\alpha, p^n)\}/\sim$ heißt die Menge der *p-adischen Zahlen.*
Die Klasse von (α, p^n) bezeichnen wir mit α/p^n.

Definieren wir folgende Verknüpfungen auf $\mathbb{Q}_p$:

$$+: \frac{\alpha}{p^n} + \frac{\alpha'}{p^{n'}} := \frac{\alpha p^{n'} + \alpha' p^n}{p^{n+n'}} ,$$

$$\cdot: \frac{\alpha}{p^n} \cdot \frac{\alpha'}{p^{n'}} := \frac{\alpha \cdot \alpha'}{p^{n+n'}} ,$$

so gilt

Proposition 4.3. $(\mathbb{Q}_p, +, \cdot)$ *ist ein Körper, in den* $\mathbb{Z}_p$ *durch die Zuordnung* $\alpha \to \alpha/p^0$ *eingebettet werden kann.* $\mathbb{Q}_p$ *enthält* $\mathbb{Q}$ *in folgendem Sinn: Für* $s \in \mathbb{Q}$ *gibt es ein* $n \in \mathbb{N} \cup \{0\}$, *so daß* $s \cdot p^n \in \mathbb{Z}_{(p)} \subset \mathbb{Z}_p$ *ist. Dann wird* s *das Element* $s \cdot p^n/p^n \in \mathbb{Q}_p$ *zugeordnet.*

Die Abbildung $w_p : \mathbb{Q}_p \to \mathbb{Z} \cup \{\infty\}$, die durch

$$w_p\left(\frac{\alpha}{p^n}\right) := w_p(\alpha) - n \text{ (für } \alpha \in \mathbb{Z}_p \text{ ist } w_p(\alpha) \text{ schon definiert)}$$

gegeben ist, ist eine Bewertung von $\mathbb{Q}_p$, die die Eigenschaften 1. bis 5. von Proposition 3.5 aus Kapitel I (für $\mathbb{Q}_p$ statt für $\mathbb{Q}$) erfüllt, und eine Fortsetzung der p-adischen Bewertung auf $\mathbb{Q}$ ist.

Jedes $x \in \mathbb{Q}_p \setminus \{0\}$ läßt sich eindeutig darstellen in der Form

$$x = \epsilon \cdot p^{w_p(x)} \quad \text{mit} \quad \epsilon \in \mathbb{Z}_p^\times .$$

Sei für $x \in \mathbb{Q}_p$

$$\varphi_p(x) := \begin{cases} p^{-w_p(x)} ; & x \neq 0 \\ 0 \quad ; & x = 0 \end{cases} .$$

Sei $d_p(x_1, x_2) := \varphi_p(x_1 - x_2)$ für $x_1, x_2 \in \mathbb{Q}_p$. Dann definiert d_p auf $\mathbb{Q}_p$ eine Metrik, die eingeschränkt auf $\mathbb{Q}$, die p-adische Metrik ergibt.

Wir wollen nun zeigen, daß für $\mathbb{Q}$ und $\mathbb{Q}_p$ die Bedingungen (4) und (5) von § 1 bzgl. d_p erfüllt sind, d. h. daß $\mathbb{Q}_p$ die Komplettierung von $\mathbb{Q}$ bzgl. d_p ist.

Proposition 4.4. $\mathbb{Q}$ *ist dicht* (bzgl. d_p) *in* $\mathbb{Q}_p$, *d. h.: Für* $x \in \mathbb{Q}_p$ *und für alle* $\epsilon \in \mathbb{R}, \epsilon > 0$, *gibt es ein* $x_0 \in \mathbb{Q}$ *mit* $\varphi_p(x - x_0) < \epsilon$.

Beweis. Sei $x = p^{w_p(x)} \cdot \tilde{x}, \tilde{x} \in \mathbb{Z}_p^\times$. Sei $\sum_{i=0}^{\infty} a_i p^i$ die p-adische Entwicklung von $\tilde{x}$. Sei n so, daß $\frac{1}{p^{n+w_p(x)}} < \epsilon$ ist, $\tilde{x}_n := \sum_{i=0}^{n-1} a_i p^i \in \mathbb{Z}$.

Sei $x_0 := p^{w_p(x)} \cdot \tilde{x}_n$.

Dann ist $w_p(x - x_0) = w_p\left(p^{w_p(x)}\left(\left(\sum_{i=0}^{\infty} a_i p^i\right) - \left(\sum_{i=0}^{n-1} a_i p^i + \sum_{i=n}^{\infty} 0 \cdot p^i\right)\right)\right) \geq w_p(x) + n.$

Daher ist $\varphi_p(x - x_0) \leq \dfrac{1}{p^{n + w_p(x)}} < \epsilon.$ □

Korollar 4.5. *Es ist* $\mathbb{Z}/p\mathbb{Z} \cong \mathbb{Z}_p/p \cdot \mathbb{Z}_p$ *unter der natürlichen Abbildung, die durch* $\mathbb{Z} \to \mathbb{Z}_{(p)} \to \mathbb{Z}_p$ *gegeben wird.*

Beweis. Sei $\bar{x} \in \mathbb{Z}_p/p\mathbb{Z}_p$, d. h. $\bar{x} = x + p\mathbb{Z}_p$ mit $x \in \mathbb{Z}_p$. Dann gibt es ein $x_0 \in \mathbb{Z}$ mit $x - x_0 \in p\mathbb{Z}_p$, also $\bar{x} = x_0 + p\mathbb{Z}_p$; und daher ist φ: $\mathbb{Z}/p\mathbb{Z} \to \mathbb{Z}_p/p\mathbb{Z}_p$ surjektiv. Da $p\mathbb{Z}_p \cap \mathbb{Z} \subset p\mathbb{Z}$ liegt, ist φ injektiv, und das Korollar folgt. □

Satz 4.6. $\mathbb{Q}_p$ *ist komplett bzgl.* d_p.

Beweis. 1. Sei (x_ν) eine Cauchyfolge aus $\mathbb{Q}_p$. Also gibt es zu jedem $n \in \mathbb{N}$ ein $i(n)$, so daß gilt: $\varphi_p(x_\nu - x_\mu) < 1/p^n$ für $\nu, \mu \geq i(n)$. Insbesondere ist $w_p(x_\nu - x_\mu) \geq 0$.

Entweder ist für $\nu \geq i(n)$ $w_p(x_\nu) \geq 0$, oder es ist $w_p(x_\nu) = w_p(x_\mu) = s$ für alle $\nu, \mu \geq i(n)$. Durch Multiplikation mit p^s erreichen wir auch in diesem Fall, daß für $\nu \geq i(n)$ die abgewandelte Folge $(x_\nu \cdot p^s)$ in $\mathbb{Z}_p$ liegt. Da es auf endlich viele Anfangsglieder nicht ankommt und da $(x_\nu \cdot p^s)$ einen Grenzwert genau dann in $\mathbb{Q}_p$ hat, wenn (x_ν) einen hat, nehmen wir in Zukunft o. E. an:

$$\{x_\nu\} \subset \mathbb{Z}_p.$$

2. Sei also $\sum_{i=0}^{\infty} a_{i\nu} p^i$ die p-adische Entwicklung von x_ν.

Die Bedingung, daß für $\nu, \mu \geq i(n)$ $\varphi_p(x_\nu - x_\mu) < \dfrac{1}{p^n}$ ist, heißt:

$$a_{i\nu} = a_{i\mu} \quad \text{für} \quad 0 \leq i \leq n.$$

Definition: $x^n := \sum_{k=0}^{n} a_{k,i(k)} p^k + \sum_{i=n+1}^{\infty} 0 \cdot p^i \in \mathbb{Z}.$

Dann ist die Klasse von (x^n) eine ganze p-adische Zahl $x \in \mathbb{Z}_p$, und es ist $\lim_{\nu \to \infty} x_\nu = x.$ □

Wir haben damit unser Ziel erreicht: Wir haben mit $\mathbb{Q}_p$ einen Oberkörper von $\mathbb{Q}$ gefunden, der eine Metrik besitzt, die die p-adische Metrik fortsetzt, in dem $\mathbb{Q}$ dicht liegt (bzgl. dieser Metrik) und in dem jede Cauchyfolge einen Grenzwert besitzt. Zusätzlich haben wir durch die p-adische Entwicklung von p-adischen Zahlen noch ein nützliches Hilfsmittel zum Rechnen in $\mathbb{Q}_p$ in der Hand. Vereinfacht wird dieses Rechnen durch einen Satz, der im Reellen bekanntlich falsch ist:

Proposition 4.7. (x_ν) *ist eine Cauchyfolge in* $\mathbb{Q}_p$ *genau dann, wenn* $\lim_{\nu \to \infty} w_p(x_{\nu+1} - x_\nu) = \infty$.

Insbesondere ist eine unendliche Reihe konvergent, falls die Koeffizienten eine Nullfolge (bzgl. φ_p) bilden.

Beweis. Falls (x_ν) eine Cauchyfolge ist, ist $\lim_{\nu \to \infty} \varphi_p(x_{\nu+1} - x_\nu) = 0$, also $\lim_{\nu \to \infty} w_p(x_\nu - x_{\nu+1}) = \infty$.

Sei umgekehrt $\lim_{\nu \to \infty} w_p(x_\nu - x_{\nu+1}) = \infty$. Sei $\epsilon \in \mathbb{R}, \epsilon > 0$. Sei $M(\epsilon)$ so, daß $p^{-w_p(x_\nu - x_{\nu+1})} < \epsilon$ für $\nu \geq M(\epsilon)$. Dann ist wegen

$$w_p(x_\nu - x_\mu) = w_p((x_\nu - x_{\nu+1}) + (x_{\nu+1} \dots - x_{\mu-1}) + (x_{\mu-1} - x_\mu))$$

$$\geq \underset{i=\nu, \dots, \mu-1}{\mathrm{Min}} w_p(x_i - x_{i+1}) \quad \text{für} \quad \mu > \nu \quad \text{und} \quad \nu \geq M(\epsilon):$$

$$\varphi_p(x_\nu - x_\mu) \leq p^{-\underset{i=\nu,\dots,\mu-1}{\mathrm{Min}} \{w_p(x_i - x_{i+1})\}} < \epsilon,$$

also ist (x_ν) eine Cauchyfolge. □

Übungsaufgaben

1. (Topologische Eigenschaften von $\mathbb{Q}_p$)

i) Die Metrik d_p gibt $\mathbb{Q}_p$ auf natürliche Weise die Struktur eines topologischen Raumes. Man finde zu jedem $x \in \mathbb{Q}_p$ (speziell $x = 0$ und $x = 1$) ein Umgebungssystem $\mathfrak{U}_x$ von offenen Umgebungen von x, die diese Topologie erzeugen. (Wähle etwa Kugeln um x.)

ii) Zeige: $\mathbb{Q}_p$ ist total unzusammenhängend.

iii) Zeige: $\mathbb{Q}_p$ ist lokal kompakt.

2. Formuliere die Aufgabe **2.** von § 1 für $\mathbb{Q}_p$ anstelle von $\mathbb{R}$ und prüfe nach, daß die in § 1 angegebene Konstruktion der Komplettierung von $\mathbb{Q}$ mit Hilfe von Cauchyfolgen auch für die p-adische Metrik zum Ziel (und damit zu $\mathbb{Q}_p$) führt.

3. Zeige: Es gibt Cauchyfolgen in $\mathbb{Q}$ bzgl. φ_p, die nicht konvergieren; man betrachte etwa Nullstellen $\neq 1$ des Polynoms $X^{p-1} - 1$ und zeige, daß die Reihe

$a + \sum_{\nu=0}^{\infty} (a^{p^{\nu+1}} - a^{p^\nu})$ mit $1 \leq a \leq p-1$ gegen eine Nullstelle dieses Polynoms konvergiert.

4. Zeige: Für $\alpha \in \mathbb{Q}_p$ ist die p-adische Ziffernentwicklung periodisch genau dann, wenn $\alpha \in \mathbb{Q}$.

5. i) Welche p-adische Zahl hat die Ziffernentwicklung

$$\sum_{i=0}^{\infty} (p-1)p^i?$$

ii) Bestimme die ersten 5 Ziffern der 5-adischen Entwicklung von $x \in \mathbb{Q}_5$ mit $x^2 = -1$ und $x \equiv 2 \bmod 5$.

iii) Bestimme die Ziffernentwicklung von $\frac{-7}{5}$ in $\mathbb{Q}_5$.

6. a) Für $n \in \mathbb{N}$ und $n = a_0 + a_1 p + \ldots + a_t p^t$ mit $0 \leq a_i \leq p-1$ sei

$$s(n) := \sum_{i=0}^{t} a_i.$$

Zeige: $w_p(n!) = \frac{n - s_n}{p-1}$.

b) Betrachte die „Exponentialreihe" $\exp(X) := \sum_{n=0}^{\infty} \frac{X^n}{n!}$ und zeige:

$\exp(x)$ konvergiert für $x \in \mathbb{Q}_p$ genau dann, wenn $w_p(x) > \frac{1}{p-1}$.

c) Falls $\exp(x)$ und $\exp(y)$ konvergieren, so konvergiert auch $\exp(x+y)$ und es ist $\exp(x+y) = \exp(x) \cdot \exp(y)$.

d) Zeige: Falls $\exp(x)$ konvergiert, so ist $w_p(x) = w_p(\exp(x) - 1)$, insbesondere ist $\exp(x)$ auf dem Konvergenzbereich injektiv.

7. Sei $p \neq 2$. Zeige:

i) Die Reihe $\log(X) := -\sum_{n \geq 1} \frac{(1-X)^n}{n}$ konvergiert auf der multiplikativen Gruppe $U := 1 + p\mathbb{Z}_p$ p-adisch, der Wert liegt in $p\mathbb{Z}_p$.

ii) Die durch $\log(X)$ definierte Funktion log ist ein Gruppenhomomorphismus ($p\mathbb{Z}_p$ ist eine Gruppe bzgl. +).

iii) log ist ein stetiger Isomorphismus mit Umkehrabbildung exp.

Frage: Was ist für $p = 2$ zu modifizieren?

§ 5 Approximation in $\mathbb{Q}_p$

Eine der wichtigsten Eigenschaften von $\mathbb{Q}_p$ ist die Tatsache, daß man, wie im Reellen, Nullstellen von Polynomen aus $\mathbb{Q}_p[X]$ berechnen kann, falls man eine „gute Näherungslösung" kennt.

Satz 5.1 („Newtons Lemma"). *Sei* $f(X) \in \mathbb{Z}_p[X]$. *Sei* $x_0 \in \mathbb{Z}_p$ *mit* $\varphi_p(f(x_0)) < \varphi_p(f'(x_0))^2$. *Dann gibt es genau ein* $x \in \mathbb{Z}_p$ *mit*

$$f(x) = 0, \varphi_p(x - x_0) < \varphi_p(f'(x_0)), \text{ und es ist}$$

$$\varphi_p(f'(x)) = \varphi_p(f'(x_0)).$$

(*Dabei ist für* $f(X) = \sum_{\nu=0}^{n} a_\nu X^\nu$: $f'(X) = \sum_{\nu=1}^{n} \nu a X^{\nu-1}$.)

Beweis. Wir werden ein Iterationsverfahren angeben, das es gestattet, x aus x_0 Schritt für Schritt zu berechnen. Dem Leser wird empfohlen, dieses Verfahren mit dem Newton-Verfahren zur Berechnung von Nullstellen von reellen Funktionen zu vergleichen.

Sei $1 \geq C := \varphi_p(f'(x_0))$, also $\varphi_p(f(x_0)) < C^2$.

Sei $0 \leq \epsilon_0 < 1, \epsilon_0 \in \mathbb{R}$ mit

$$\varphi_p(f(x_0)) < \epsilon_0 \cdot C^2.$$

Sei $U = \{y \in \mathbb{Q}_p ; \varphi_p(y - x_0) \leq \epsilon_0 \cdot C\}$. Dann gilt:

i) $U \subset \mathbb{Z}_p$, da aus $w_p(x - x_0) \geq 0$ und $w_p(x_0) \geq 0$ folgt:

$$w_p(x) = w_p((x - x_0) + x_0) \geq 0.$$

ii) Sei $f^{(\nu)}$ die ν-te (formale) Ableitung von f(X). Dann gilt für $h \in \mathbb{Z}_p ; x \in \mathbb{Z}_p$:

$$f(x + h) = f(x) + f'(x) \cdot h + \ldots + \frac{f^{(k-1)}(x)}{(k-1)!} \cdot h^{k-1} + R_k(x, h)$$

mit $\varphi_p(R_k(x, h)) \leq \varphi_p(h)^k$.

Beweis: Es ist

$$f(X + h) = f(X) + f'(X)\,h + \ldots + \frac{f^{(n)}(X)}{n!}\,h^n$$

eine Polynomidentität, falls Grad(f) = n ist. Also ist für $x \in \mathbb{Z}_p, h \in \mathbb{Z}_p$:

$$\varphi_p(R_k(x, h)) = \varphi_p\left(\frac{f^{(k)}(x)}{k!}\,h^k + \ldots + \frac{f^{(n)}(x)}{n!}\,h^n\right)$$

$$\leq \operatorname*{Max}_{\nu = k, \ldots, n} \left\{\varphi_p\left(\frac{f^{(\nu)}(x)}{\nu!}\right) \cdot \varphi_p(h)^\nu\right\}.$$

Da mit f(X) auch $\frac{f^{(\nu)}(X)}{\nu!} \in \mathbb{Z}_p[X]$ und $\varphi_p(x) \leq 1$ ist, ist $\varphi_p\left(\frac{f^{(\nu)}(x)}{\nu!}\right) \leq 1$, und somit

$$\varphi_p(R_k(x, h)) \leq \varphi_p(h)^k.$$

iii) Insbesondere ist $\varphi_p(R_2(x, h)) \leq \varphi_p(h)^2$.

Sei $y \in U$. Sei $h = y - x_0$. Dann ist

$$\varphi_p(h) \leq \epsilon_0 \cdot C.$$

Daher ist für alle $y \in U$

$$\varphi_p(f(y)) = \varphi_p(f(x_0) + f'(x_0) \cdot h + R_2(x_0, h)) \leq \epsilon_0 \cdot C^2.$$

Mit demselben Verfahren schätzen wir $\varphi_p(f'(y))$ ab. $R_1'(X, h)$ ist das erste Restglied von $f'(X)$):

$$\varphi_p(f'(y)) = \varphi_p(f'(x_0) + R_1'(x_0, h))$$
$$= \operatorname{Max}\{\varphi_p(f'(x_0)), \varphi_p(R_1'(x_0, h))\} = C,$$

da $C > \varphi_p(R_1'(x_0, h))$ $(\leq \varphi_p(h) < C)$.

Insbesondere ist

$$f'(y) \neq 0 \quad \text{für alle} \quad y \in U.$$

iv) Wir definieren den *Newton-Operator:*

$$T(y) := y - \frac{f(y)}{f'(y)} \quad \text{für alle} \quad y \in U.$$

Behauptung: $T(y) \in U$ für $y \in U$.

Beweis: Es ist

$$\varphi_p\left(y - x_0 - \frac{f(y)}{f'(y)}\right) \leq \operatorname{Max}\left\{\varphi_p(y - x_0), \varphi_p\left(\frac{f(y)}{f'(y)}\right)\right\} \leq \epsilon_0 \cdot C.$$

Wir zeigen nun, daß T eine *Kontraktion* ist:

v) Für $x, y \in U$ gilt:

$$\varphi_p(Tx - Ty) \leq \epsilon_0 \cdot \varphi_p(x - y).$$

Beweis: Mit $h = y - x$ verifiziert man:

$$Tx - Ty = \frac{f'(y) R_2(x, h) - f(y) R_1'(x, h)}{f'(x) \cdot f'(y)}$$

und somit

$$\varphi_p(Tx - Ty) \leq \frac{\operatorname{Max}\{C \cdot \varphi_p(h)^2, \epsilon_0 \cdot C^2 \cdot \varphi_p(h)\}}{C^2}$$
$$\leq \frac{\epsilon_0 \cdot C^2 \varphi_p(h)}{C^2} \leq \epsilon_0 \cdot \varphi_p(y - x).$$

vi) Wir bilden die Folge (x_n) $(n \in \mathbb{N} \cup \{0\})$ durch $x_i = T(x_{i-1})$ für $i = 1, 2, \ldots$.

Diese Folge ist eine Cauchyfolge, die ganz in U liegt, da $\varphi_p(x_i - x_{i-1}) \leq \epsilon_0^i \cdot C$ ist. (Verwende Proposition 4.7.) Also existiert ein Grenzwert x von (x_n) in $\mathbb{Q}_p$.

Es ist

$$\varphi_p(x - x_0) \leq \text{Max}\,\{\varphi_p(x - x_i), \varphi_p(x_i - x_0)\} \quad \text{für alle} \quad i.$$

Da für hinreichend großes i $\varphi_p(x - x_i) \leq \epsilon_0 \cdot C$ ist, folgt:

$$\varphi_p(x - x_0) \leq \epsilon_0 \cdot C, \quad \text{also} \quad x \in U,$$

und insbesondere

$$\varphi_p(f'(x)) = \varphi_p(f'(x_0)).$$

Behauptung: $f(x) = 0$.

Beweis: Es ist $T(x) = T(\lim_{i \to \infty} x_i) = \lim_{i \to \infty} T(x_i) = x$, da der Operator T stetig bzgl. der φ_p-Metrik auf U ist (vgl. v)). Daher ist

$$0 = T(x) - x = \frac{f(x)}{f'(x)},$$

also ist $f(x) = 0$.

Zum Beweis von Satz 5.1 ist nur noch zu zeigen: x ist durch die Bedingung $\varphi_p(x - x_0) < C$ eindeutig bestimmt.

Sei $\widetilde{x}$ ebenfalls eine Lösung mit $\varphi_p(\widetilde{x} - x_0) < C$, etwa

$$\varphi_p(\widetilde{x} - x_0) \leq \epsilon \cdot C \quad \text{mit} \quad 0 \leq \epsilon < 1.$$

Sei $\epsilon < \epsilon_0$. Dann ist $\widetilde{x} \in U$, also:

$$\varphi_p(\widetilde{x} - x) = \varphi_p(T(\widetilde{x}) - T(x)) \leq \epsilon_0 \varphi_p(x - \widetilde{x}).$$

Falls aber $\epsilon_0 < \epsilon$ ist, dann ersetze in der Definition von U ϵ_0 durch ϵ. □

Der wichtigste Sonderfall des Satzes 5.1 ist der Fall, daß $\varphi_p(f'(x_0)) = 1$ ist:

Korollar 5.2. („Henselsches Lemma"). *Sei* $f(X) \in \mathbb{Z}_p[X]$, $x_0 \in \mathbb{Z}_p$ *und* $f(x_0) \in p \cdot \mathbb{Z}_p$, $f'(x_0) \notin p \cdot \mathbb{Z}_p$. *Dann gibt es genau ein* $x \in \mathbb{Z}_p$ *mit* $f(x) = 0$ *und* $x - x_0 \in p \cdot \mathbb{Z}_p$.

Beispiel 5.3. Sei $n \in \mathbb{N}$, $(n, p) = 1$. Sei $a \in \mathbb{Z}_p^\times$. Dann gibt es ein $b \in \mathbb{Z}_p^\times$ mit $b^n = a$ genau dann, wenn es ein $b_0 \in \mathbb{Z}$ gibt mit $w_p(b_0^n - a) > 0$, d. h. falls die p-adische Entwicklung von a gleich $\sum_{i=0}^{\infty} a_i p^i$ ist, dann muß es ein $b_0 \in \mathbb{Z}$ geben mit $b_0^n \equiv a_0 \bmod p$.

Beweis. Betrachte das Polynom $X^n - a$ und wende das Henselsche Lemma an. □

Sei K ein Körper, $x \in K$ mit $x^n = 1$. Dann heißt x eine n-*te Einheitswurzel.*

Beispiel 5.4. Sei $p \neq 2$. In $\mathbb{Q}_p$ liegen genau die $(p - 1)$-ten Einheitswurzeln.

Beweis. Betrachte das Polynom $X^n - 1$ für $\text{ggT}(n, p) = 1$. Da $\varphi_p(n \cdot x^{n-1}) = 1$ ist für $x \in \mathbb{Z}_p^\times$ und eine n-te Einheitswurzel x wegen $1 = \varphi_p(x^n)$ aus $\mathbb{Z}_p^\times$ ist, hat $X^n - 1$ genau so viele verschiedene Lösungen in $\mathbb{Q}_p$ wie $X^n - 1$ Lösungen in

$(\mathbb{Z}/p)^\times$ hat. Da $(\mathbb{Z}/p)^\times$ aber genau aus $p-1$ verschiedenen $(p-1)$-ten Einheitswurzeln besteht, folgt: Jede Einheitswurzel in $\mathbb{Q}_p$ ist das Produkt einer $(p-1)$-ten Einheitswurzel mit einer Einheitswurzel von p-Potenzordnung.
ordnung.
Wir müssen noch zeigen: Falls $x^p = 1$ für $x \in \mathbb{Q}_p$, so ist $x = 1$.
Sei $x = x_0 + \lambda \cdot p$ mit $0 \leq x_0 < p, \lambda \in \mathbb{Z}_p$. Dann ist

$$x^p - x_0^p \in p \cdot \mathbb{Z}_p,$$

also folgt: $1 - x_0^p \in p \cdot \mathbb{Z}_p$, und daher $x_0 = 1$.
Also:

$$1 = x^p = (1 + \lambda \cdot p)^p = 1 + \lambda \cdot p^2 + \sum_{\nu=2}^{p-1} \binom{p}{\nu} \lambda^\nu p^\nu + \lambda^p p^p,$$

oder

$$-\lambda \cdot p^2 = \sum_{\nu=2}^{p-1} \binom{p}{\nu} \lambda^\nu p^\nu + \lambda^p p^p.$$

Dann muß aber auch gelten:

$$w_p(\lambda) + 2 = w_p\left(\left(\sum_{\nu=2}^{p-1} \binom{p}{\nu} \lambda^\nu p^\nu\right) + \lambda^p p^p\right) \geq \mathrm{Min}(\nu w_p(\lambda) + \nu + 1, p w_p(\lambda) + p),$$

und dies ist wegen $p \neq 2$ nicht möglich, falls $\lambda \neq 0$ ist. □

Übungsaufgaben

1. (Quadratische Konvergenz des Newton-Verfahrens)
Für $f(X) \in \mathbb{Z}_p[X]$ seien $\epsilon_0 \in \mathbb{R}$ mit $0 \leq \epsilon_0 < 1$ und $x_0 \in \mathbb{Z}_p$ gegeben mit

$$\varphi_p(f(x_0)) \leq \epsilon_0 \varphi_p(f'(x_0))^2.$$

Seien T der zu f gehörende Newton-Operator,

$$x_{i+1} := T(x_i) \text{ und } \lim_{i \to \infty} x_i = x \in \mathbb{Q}_p.$$

Zeige:

$$\varphi_p(x - x_i) \leq \epsilon_0^{2^i} \cdot \varphi_p(f'(x_0)).$$

2. Die Voraussetzungen seien wie oben. Zeige:
i) x ist eine einfache Nullstelle von $f(X)$, die in $\mathbb{Z}_p$ liegt.
ii) Falls der höchste Koeffizient von $f(X)$ eine p-adische Einheit ist, so liegt jede Nullstelle von $f(X)$, die in $\mathbb{Q}_p$ liegt, in $\mathbb{Z}_p$.

3. Man berechne die ersten vier Stellen der p-adischen Ziffernentwicklung von
a) $\sqrt{2}$ in $\mathbb{Q}_3$, $\mathbb{Q}_7$ und
b) einer Lösung x von $X^2 + 1 = 0$ mit $x \equiv 5 \bmod 13$ in $\mathbb{Q}_{13}$.

4. Seien $a, w \in \mathbb{Z}$, $n \in \mathbb{N}$ und $p \in \mathbb{P}$ mit $p \mid a \cdot w \cdot n$. Zeige:

a) a ist n-te Potenz von $\mathbb{Q}_p$ (d. h. es gibt ein $b \in \mathbb{Q}_p$ mit $b^n = a$) genau dann, wenn

$$a^{\frac{p-1}{d}} \equiv 1 \bmod p \text{ mit } d = \text{ggT}(n, p-1)$$

gilt.

b) w ist Primitivwurzel mod p genau dann, wenn für alle Primteiler q von $p - 1$ gilt: w ist nicht q-te Potenz in $\mathbb{Q}_p$.

§ 6 Lokal-Global-Beziehungen

Wir haben auf $\mathbb{Q}$ im letzten Abschnitt eine Reihe von Metriken gefunden, die aus dem absoluten Betrag $|\ |$ und aus den p-adischen Bewertungen $w_p (p \in \mathbb{P})$ herrühren; zu diesen Metriken haben wir jeweils Komplettierungen ($\mathbb{R}$ bzw. $\mathbb{Q}_p$) konstruiert. Man nennt $\mathbb{R}$ bzw. $\mathbb{Q}_p$ „Lokalisierungen" (oder lokale Körper), die zu $\mathbb{Q}$ gehören.

Die Analysis bzw. § 5 zeigen, daß in diesen Lokalisierungen Fragestellungen, die in der Algebra interessieren, z. B. Fragen nach Nullstellen von Polynomen, leichter als in $\mathbb{Q}$ zu lösen sind.

Eine wichtige Methode in der Zahlentheorie geht nun folgendermaßen vor:

1. Schritt: Ein Problem über $\mathbb{Q}$ wird als Problem über den Lokalisierungen betrachtet und dort (möglichst) gelöst.

2. Schritt: Aus den vielen verschiedenen „lokalen Lösungen" muß versucht werden, eine „globale Lösung", d. h. eine Aussage über $\mathbb{Q}$, zu gewinnen.

Dieser zweite Schritt ist i. a. der schwierige Teil; man kann nicht erwarten, daß er immer möglich ist. Trotzdem hat sich die angedeutete Methode als sehr fruchtbar erwiesen; falls sie funktioniert, spricht man von einem „Lokal-Global-Prinzip". Das erste Mal konsequent angewendet wurde so ein Vorgehen bei dem Studium von quadratischen Formen von Hasse („Hasse-Prinzip"), wir werden in Kapitel V darauf zurückkommen. Aber auch bei anderen Fragestellungen, die z. B. die Lösbarkeit von Gleichungen höheren Grades über $\mathbb{Q}$ betreffen, hat sich der Lokal-Global-Ansatz als sehr anregend erwiesen; so steht etwa bei Formen vom Grad 3 in drei Variablen die Abweichung vom Lokal-Global-Prinzip seit geraumer Zeit im Mittelpunkt des Interesses.

Unterstützt wird die Überzeugung, daß Lokal-Global-Untersuchungen für die Zahlentheorie von großer Bedeutung sind, durch drei Sätze, von denen der erste (von Ostrowski) besagt, daß man mit $\mathbb{R}$ bzw. $\mathbb{Q}_p$ alle Komplettierungen zu Metriken gefunden hat, die $\mathbb{Q}$ (als Körper) besitzt. Der zweite und der dritte Satz geben an, „wie $\mathbb{Q}$ in dem direkten Produkt dieser Komplettierungen" liegt.

Um genauer formulieren zu können, müssen wir zunächst etwas *Bewertungstheorie* treiben. Sei zunächst K ein *beliebiger* Körper (natürlich kann man sich auch immer das Beispiel $K = \mathbb{Q}$ vor Augen halten).

Definition. Eine Abbildung

$$\varphi: K \to \mathbb{R}$$

mit den Eigenschaften

1. Es ist $\varphi(s) \geq 0$ für alle $s \in K$, und $\varphi(s) = 0$ genau dann, wenn $s = 0$ ist;
2. $\varphi(s_1 \cdot s_2) = \varphi(s_1) \cdot \varphi(s_2)$ für $s_1, s_2 \in K$;
3. $\varphi(s_1 + s_2) \leq \varphi(s_1) + \varphi(s_2)$

heißt (multiplikativ geschriebene) Bewertung von K.

Leichte Folgerungen zu 1., 2 und 3. sind:

$\varphi(1_K) = 1, \varphi(-a) = \varphi(a)$ und $\varphi(a - b) \leq \varphi(a) + \varphi(b), \varphi(a^{-1}) = \varphi(a)^{-1}$.

Die 3. Eigenschaft nennt man wieder „Dreiecksungleichung". Diese Eigenschaft läßt sich manchmal verschärfen zu

3'. $\varphi(s_1 + s_2) \leq \operatorname{Max} \{\varphi(s_1), \varphi(s_2)\}$.

3'. wird als „verschärfte Dreiecksungleichung" bezeichnet.

Eine Bewertung φ heißt *archimedisch,* falls es für alle $r \in \mathbb{R}$ ein $n \in \mathbb{N}$ mit $\varphi(n \cdot 1_K) > r$ gibt, sonst heißt φ *nichtarchimedisch.*

Die Bewertung φ heißt *trivial,* falls $\varphi(0) = 0$ und $\varphi(s) = 1$ für alle $s \neq 0$. Wir wollen in Zukunft immer voraussetzen, daß φ nicht trivial ist.

Lemma 6.1. *φ ist nichtarchimedisch genau dann, wenn die verschärfte Dreiecksungleichung gilt.*

Beweis. Gelte 3'. Aus $\varphi(1_K) = 1$ folgt durch Induktion: $\varphi(n \cdot 1_K) \leq 1$ für alle $n \in \mathbb{N}$, also ist φ nichtarchimedisch.

Sei umgekehrt φ nichtarchimedisch. Wegen $\varphi((n \cdot 1_K)^k) = \varphi(n \cdot 1_K)^k$ muß gelten: $\varphi(n \cdot 1_K) \leq 1$ für alle $n \in \mathbb{N}$.

Seien nun $s_1, s_2 \in K$ beliebig. Dann ist

$$(\varphi(s_1 + s_2))^k = \varphi((s_1 + s_2)^k) = \varphi\left(\sum_{\nu=0}^{k} \binom{k}{\nu} s_1^\nu s_2^{k-\nu}\right)$$

$$\leq \sum_{\nu=0}^{k} \varphi\left(\binom{k}{\nu}\right) \varphi(s_1)^\nu \varphi(s_2)^{k-\nu} \leq \sum_{\nu=0}^{k} ((\operatorname{Max} \{\varphi(s_1), \varphi(s_2)\})^k)$$

$$= (k+1) (\operatorname{Max} \{\varphi(s_1), \varphi(s_2)\})^k.$$

Diese Abschätzung gilt für alle $k \in \mathbb{N}$. Daher muß

$$\varphi(s_1 + s_2) \leq \operatorname{Max} \{\varphi(s_1), \varphi(s_2)\}$$

sein. □

Eine nützliche Rechenregel ist

Lemma 6.2. *Sei φ eine nichtarchimedische Bewertung von* K. *Seien* $s_1, s_2 \in K$ *mit* $\varphi(s_1) \neq \varphi(s_2)$. *Dann ist* $\varphi(s_1 + s_2) = \operatorname{Max} \{\varphi(s_1), \varphi(s_2)\}$.

Beweis. Sei o. E. $\varphi(s_1) < \varphi(s_2)$. Es ist

$$\varphi(s_2) \leq \text{Max}\,\{\varphi(s_1 + s_2), \varphi(-s_1)\}.$$

Wäre $\varphi(s_1 + s_2) < \text{Max}\,\{\varphi(s_1), \varphi(s_2)\} = \varphi(s_2)$, so wäre auch $\text{Max}\,\{\varphi(s_1 + s_2), \varphi(-s_1)\} < \varphi(s_2)$, und wir hätten einen Widerspruch. □

Es ist sehr oft bequem, eine Bewertungsfunktion φ folgendermaßen abzuändern: Sei $a \in \mathbb{R}$, $a > 1$. Sei $\log_a$ der Logarithmus zur Basis a. Dann sei

$$w_\varphi(s) := -\log_a(\varphi(s))$$

mit der Übereinkunft, daß $-\log_a(0) = \infty$ ein Symbol ist, für das (wie auf S. 9 schon einmal gesagt) gilt:

Es ist $\infty + \infty = \infty$, und für alle $r \in \mathbb{R}$ ist $r + \infty = \infty$ und $r < \infty$.

Die Eigenschaften 1., 2. und 3. von φ übersetzen sich in offensichtlicher Weise in Eigenschaften von w_φ. w_φ heißt additiv geschriebene Bewertung von K.

Notieren wir noch, was im Falle einer *nichtarchimedischen* Bewertung φ für w_φ gilt:

1. Es ist $w_\varphi\colon K \to \mathbb{R} \cup (\infty)$ und $w_\varphi(s) = \infty$ genau dann, wenn $s = 0$ ist.
2. Für alle $s_1, s_2 \in K$ ist $w_\varphi(s_1 \cdot s_2) = w_\varphi(s_1) + w_\varphi(s_2)$.
3. Für alle $s_1, s_2 \in K$ ist $w_\varphi(s_1 + s_2) \geq \text{Min}\,\{w_\varphi(s_1), w_\varphi(s_2)\}$.

Natürlich ist bei diesem Übergang von φ zu w_φ unbefriedigend, daß w_φ von der Wahl von a abhängt. Man kann also bei Kenntnis von w_φ nicht ohne Kenntnis von a auf φ zurückschließen. Jedenfalls bekommt man φ aber bis auf einen konstanten Potenzfaktor.

Diese Beobachtung führt zu dem Begriff der *Äquivalenz* von Bewertungen.

Definition. Zwei (multiplikativ beschriebene) Bewertungen φ und ψ von K heißen *äquivalent,* falls es ein $\epsilon > 0$ aus $\mathbb{R}$ gibt, so daß für alle $s \in K$ gilt: $\varphi(s) = \psi(s)^\epsilon$.

Entsprechend heißen zwei additiv geschriebene Bewertungen v und w äquivalent, falls es ein $c \in \mathbb{R}$ mit $c > 0$ gibt, so daß für alle $s \in K$ gilt: $v(s) = cw(s)$.

Offensichtlich ist die Äquivalenz von Bewertungen eine Äquivalenzrelation; es ist in der Zahlentheorie üblich, eine *Klasse* von äquivalenten Bewertungen von K eine *Stelle* von K zu nennen.

Hat man eine Bewertung von K, so bekommt man auf K sofort, wie wir es für $K = \mathbb{Q}$ und für $|\;|$ in § 1, für φ_p in § 3 gesehen haben, eine metrische Struktur und damit auch einen Konvergenzbegriff für Folgen. Entscheidend ist nun, daß dieser Konvergenzbegriff für äquivalente Bewertungen derselbe ist. Es gilt nämlich

Satz 6.3. *Für zwei Bewertungen φ und ψ von* K *ist gleichwertig:*

1. *φ ist äquivalent zu ψ.*
2. *Für alle $s \in K$ gilt: Aus $\varphi(s) < 1$ folgt $\psi(s) < 1$.*
3. *Falls $(s_i)_{i \in \mathbb{N}}$ eine Cauchyfolge bzgl. der φ-Metrik ist, so ist $(s_i)_{i \in \mathbb{N}}$ auch eine Cauchyfolge bzgl. der ψ-Metrik.*

Beweis.
1. $\Rightarrow$ 2.: Falls $\psi(s) = \varphi(s)^\epsilon$, $\epsilon > 0$, so ist $\psi(s) < 1$, falls $\varphi(s) < 1$.
2. $\Rightarrow$ 1.: Da für $s_1, s_2 \in K$ und $s_2 \neq 0$

$\varphi\left(\frac{s_1}{s_2}\right) = \frac{\varphi(s_1)}{\varphi(s_2)}$ gilt, folgt aus 2.: Falls $\varphi(s_1) < \varphi(s_2)$, dann ist $\psi(s_1) < \psi(s_2)$.

Durch Übergang zum Inversen folgt auch: Falls $\psi(s_1) < \psi(s_2)$, so ist $\varphi(s_1) < \varphi(s_2)$, insbesondere folgt auch aus $\psi(s) < 1$, daß $\varphi(s) < 1$ ist.

Sei nun $s_0 \in K$ mit $\varphi(s_0) \neq 0, 1$ (φ ist nach Übereinkunft nicht trivial). Indem wir, falls nötig, zu s_0^{-1} übergehen, können wir annehmen: $\varphi(s_0) > 1$. Dann ist auch $\psi(s_0) > 1$. Es gibt daher ein $\epsilon > 0$ aus $\mathbb{R}$ mit $\varphi(s_0)^\epsilon = \psi(s_0)$, nämlich

$\epsilon = \frac{\log \psi(s_0)}{\log \varphi(s_0)}$.

Sei $s \in K$ beliebig. Sei $\varphi(s) = \varphi(s_0)^\delta$. Seien $n, m \in \mathbb{Z}$, so daß $m > 0$ und $\frac{n}{m} < \delta$ sind.

Dann ist $\varphi(s_0)^{\frac{n}{m}} < \varphi(s_0)^\delta$, also

$$\varphi(s_0^n) < \varphi(s^m).$$

Daher ist auch

$$\psi(s_0^n) < \psi(s^m), \quad \text{oder:} \quad \psi(s_0)^{\frac{n}{m}} < \psi(s) =: \psi(s_0)^{\delta'}.$$

Also ist $\frac{n}{m} < \delta'$.

Dies gilt für alle Elemente $\frac{n}{m} \in \mathbb{Q}$ mit $m > 0$ und $\frac{n}{m} < \delta$. Es folgt:

$$\delta \leq \delta'.$$

Vertauschen wir die Rollen von φ und ψ, so erhalten wir:

$$\delta' \leq \delta,$$

also ist $\delta = \delta'$, und somit ist $\psi(s) = \psi(s_0)^\delta = \varphi(s_0)^{\epsilon\delta} = \varphi(s)^\epsilon$, also ist 1. gezeigt.
1. $\Rightarrow$ 3. ist sofort klar, und 3. $\Rightarrow$ 2. folgt aus der Tatsache, daß, falls $\varphi(s) < 1$ ist, die Folge $(s^i)_{i \in \mathbb{N}}$ bzgl. φ eine Cauchyfolge ist, die gegen 0 konvergiert, folglich $(s^i)_{i \in \mathbb{N}}$ auch eine Cauchyfolge bzgl. ψ ist. Das heißt: Für hinreichend großes i ist

$$\psi(s^i - s^{i-1}) = \psi(s)^{i-1}\,\psi(s-1) < 1.$$

Da $\varphi(s) < 1$, ist $s \neq 1$, und daher muß $\psi(s) < 1$ sein.

Unser Satz ist daher bewiesen. □

Insbesondere folgt, daß der Körper, der entsteht, wenn man den Ring der Cauchyfolge modulo dem Ideal der Nullfolgen nimmt, nur von der Äquivalenzklasse der Bewertung abhängt.

Im Falle von nichtarchimedischen Bewertungen läßt sich Äquivalenz noch anders formulieren:

Sei φ eine (multiplikativ geschriebene) nichtarchimedische Bewertung.

Sei $R_\varphi := \{s \in K; \varphi(s) \leq 1\}$. Dann ist R_φ ein Unterring von K, in dem

$$m_\varphi := \{s \in K, \varphi(s) < 1\}$$

ein maximales Ideal (das einzige) in R_φ ist.

R_φ heißt *Bewertungsring von* φ, m_φ heißt *„das maximale Ideal zu* φ".

Korollar 6.4. *Sei* φ *eine nichtarchimedische Bewertung von* K. *Dann ist eine Bewertung* ψ *äquivalent zu* φ *genau dann, wenn* ψ *nichtarchimedisch ist und* $R_\varphi = R_\psi$ *ist. Es ist* $R_\varphi = R_\psi$ *genau dann, wenn* $m_\varphi = m_\psi$ *ist.*

Kehren wir nun zu $\mathbb{Q}$ zurück. Wir kennen bereits eine Reihe von Beispielen von Bewertungen von $\mathbb{Q}$: $|\ |$ (archimedisch) und $\{\varphi_p; p \in \mathbb{P}\}$ (nichtarchimedisch).

Satz 6.5. (Ostrowski). *Die Menge* $\{|\ |\} \cup \{\varphi_p; p \in \mathbb{P}\}$ *ist ein vollständiges Vertretersystem der Stellen von* $\mathbb{Q}$, *d. h. jede Bewertung von* $\mathbb{Q}$ *ist äquivalent zu* $|\ |$ *oder zu* φ_p *mit geeigneter Primzahl* p. *Insbesondere ist jede Komplettierung von* $\mathbb{Q}$ *bzgl. der Metrik, die zu einer Bewertung von* $\mathbb{Q}$ *gehört, gleich* $\mathbb{R}$ *oder gleich einem* p*-adischen Körper* $\mathbb{Q}_p$.

Beweis. Vorbemerkungen:

1. Jede Bewertung φ von $\mathbb{Q}$ ist durch ihre Einschränkung auf $\mathbb{Z}$ eindeutig bestimmt.
2. Für jede ganze Zahl z gilt: $\varphi(z) \leq |z|$. (Anwendung der Dreiecksungleichung)
3. Für $m, n \in \mathbb{N}$ und $m > 1, n > 1$ gilt:

$$\varphi(m) \leq \operatorname{Max}\left\{1, \varphi(n)^{\frac{\log(m)}{\log(n)}}\right\}.$$

Beweis: Wir stellen m^ν $(\nu \in \mathbb{N})$ in n-adischer Zifferndarstellung dar:

$$m^\nu = c_0 + c_1 n + \ldots + c_k n^k; \quad 0 \leq c_i \leq n-1 \text{ und } c_k \neq 0.$$

Da $n^k \leq m^\nu$ ist, ist

$$k \leq \nu \cdot \frac{\log(m)}{\log(n)},$$

und daher

$$\begin{aligned}\varphi(m)^\nu &\leq \varphi(c_0) + \varphi(c_1)\,\varphi(n) + \ldots + \varphi(c_k)\,\varphi(n)^k \\ &\leq (k+1)\, n \cdot \operatorname{Max}\{1, \varphi(n))^k \\ &\leq \left(\nu \cdot \frac{\log(m)}{\log(n)} + 1\right) n \cdot \operatorname{Max}\left\{1, \varphi(n)^{\frac{\log(m)}{\log(n)}}\right\}^\nu\end{aligned}$$

oder

$$\left(\frac{\varphi(m)}{\operatorname{Max}\left\{1,\ \varphi(n)^{\frac{\log(m)}{\log(n)}}\right\}}\right)^{\nu} \leq n\left(\nu\cdot\frac{\log(m)}{\log(n)}+1\right).$$

Indem wir ν wachsen lassen, sehen wir: Es muß

$$\frac{\varphi(m)}{\operatorname{Max}\left\{1, \varphi(n)^{\frac{\log(m)}{\log(n)}}\right\}} < 1$$

sein, und daraus folgt 3..

Zum Beweis von Satz 6.5:

1. Fall: Sei φ eine nichtarchimedische Bewertung von $\mathbb{Q}$ mit Bewertungsring R_φ. Dann ist $\mathbb{Z}\subset R_\varphi$. Sei $\mathfrak{a} = \mathfrak{m}_\varphi \cap \mathbb{Z}$. Dann ist $\mathfrak{a}$ ein Ideal von $\mathbb{Z}$, das nicht gleich 0 ist (denn sonst wäre $\varphi(z) = 1$ für $z \neq 0$ und somit wäre φ die triviale Bewertung) und das nicht gleich $\mathbb{Z}$ ist (da $\varphi(1) = 1$ ist).

$\mathfrak{a}$ ist ein Primideal in $\mathbb{Z}$, denn, falls $z_1 \cdot z_2 \in \mathfrak{a}$ ist (mit $z_1, z_2 \in \mathbb{Z}$), so ist $\varphi(z_1)\cdot\varphi(z_2) < 1$. Da $\varphi(z_i) \leq 1$ ist für $i = 1, 2$, muß $\varphi(z_1) < 1$ sein (also $z_1 \in \mathfrak{a}$) oder $\varphi(z_2) < 1$ sein (also $z_2 \in \mathfrak{a}$). Damit gibt es aber eine Primzahl p mit $\mathfrak{m}_\varphi \cap \mathbb{Z} = (p)$.

Sei $s = n/m \in \mathbb{Q}$, es sei $\operatorname{ggT}(n, m) = 1$. Falls $p \nmid m$, so folgt: $\varphi(m) = 1$ und $\varphi(s) = \varphi(n)/\varphi(m) \leq 1$, also $s \in R_\varphi$. Falls $p \mid m$, so teilt p nicht n, also ist $\varphi(s) = 1/\varphi(m) > 1$, und somit $s \notin R_\varphi$.

Ergebnis: Es ist $R_\varphi = \mathbb{Z}_{(p)} = \{n/m;\ \operatorname{ggT}(n, m) = 1 \text{ und } p \nmid m\}$, und deshalb ist φ äquivalent zu φ_p.

2. Fall: Sei φ archimedisch. Dann gibt es ein $m \in \mathbb{N}$ mit $\varphi(m) > 1$.

Sei $n \in \mathbb{N}$, $n > 1$ und $\varphi(n) \leq 1$. Dann würde aus der dritten Vorbemerkung folgen

$$1 < \varphi(m) \leq \operatorname{Max}\left\{1, \varphi(n)^{\frac{\log(m)}{\log(n)}}\right\} = 1,$$

was ein Widerspruch ist. Also gilt für alle $n, m \in \mathbb{N}\setminus\{1\}$:

$$\varphi(m) \leq \varphi(n)^{\frac{\log(m)}{\log(n)}}, \text{ oder}$$

$$\varphi(m)^{\frac{1}{\log m}} \leq \varphi(n)^{\frac{1}{\log n}}.$$

Vertauschen wir die Rollen von n und m, so sieht man, daß Gleichheit gilt, also:

$$\varphi(m)^{\frac{1}{\log m}} = \varphi(n)^{\frac{1}{\log n}}.$$

Wählen wir nun $n = 2$ fest und $\rho > 0$ so, daß $\varphi(2) = 2^\rho$ ist. Wegen

$$\varphi(2) \leq \varphi(1) + \varphi(1) = 2$$

ist $\rho \leq 1$, und außerdem ist

$$\varphi(m)^{\frac{1}{\log m}} = 2^{\rho \cdot \frac{1}{\log 2}}$$

also

$$\varphi(m) = m^\rho .$$

Ergebnis: Für alle $s \in \mathbb{Z}$ (und daher auch für alle $s \in \mathbb{Q}$) ist $\varphi(s) = |s|^\rho$, somit ist φ zu $|\;|$ äquivalent.□

Mit dem Satz von Ostrowski haben wir nun eine Übersicht über alle Bewertungen von $\mathbb{Q}$ gewonnen; bis auf Normierungshochzahlen sind diese Bewertungen gleich den in § 1 und § 3 behandelten Bewertungen. Es zeigt sich aber, daß $|\;|$ und φ_p auch bezüglich der Normierung sehr glücklich gewählt sind, es gilt nämlich die *Produktformel:*

Satz 6.6. *Für alle* $s \in \mathbb{Q}\setminus\{0\}$ *ist nur für endlich viele* $p \in \mathbb{P}$ $\varphi_p(s) \neq 1$. *Seien für* $p \in \mathbb{P}$ $c_p \in \mathbb{R}$, $c_p > 0$ *und sei* $c \in \mathbb{R}$, $c > 0$. *Dann gilt:*

$$\prod_{p \in \mathbb{P}} \varphi_p^{c_p}(s) \cdot |s|^c = 1 \quad \textit{für alle} \quad s \in \mathbb{Q}$$

genau dann, wenn $c_p = c$ *ist für alle* $p \in \mathbb{P}$.

Beweis. Die erste Aussage folgt sofort aus der Zerlegung von s in Primfaktorpotenzen (Korollar 3.4 aus Kapitel I). Daher ist das Produkt $\prod_{p \in \mathbb{P}} \varphi_p^{c_p}(s)$ sinnvoll. Wir setzen nun für s die Primzahl q ein und erhalten:

$$\prod_{p \in \mathbb{P}} \varphi_p^{c_p}(q) |q|^c = \left(\frac{1}{q}\right)^{c_p} \cdot q^c = q^{c - c_q}.$$

Dies ist gleich 1 genau dann, wenn $c_q = c$ ist. Damit haben wir die Notwendigkeit der Bedingung für die Hochzahlen c_p erkannt. Sei nun $c_p = c$ für alle $p \in \mathbb{P}$, sei $s = \pm \prod_{p \in \mathbb{P}} p^{w_p(s)}$ (vgl. Korollar 3.4 aus Kapitel I). Dann ist

$$\left(\prod_{p \in \mathbb{P}} \varphi_p(s) |s|\right)^c = \left(\left(\prod_{p \in \mathbb{P}} \frac{1}{p^{w_p(s)}}\right) \prod_{p \in \mathbb{P}} p^{w_p(s)}\right)^c = 1 ,$$

der Satz ist bewiesen.□

Bemerkung. Der Satz 6.6 ist für $\mathbb{Q}$ mehr oder weniger eine Wiederholung der Ergebnisse der Teilertheorie in $\mathbb{Z}$ aus Kapitel I. Seine Wichtigkeit zeigt sich in der algebraischen Zahlentheorie, die endliche Erweiterungskörper von $\mathbb{Q}$ behandelt, und wo er, sinngemäß interpretiert, ebenfalls richtig ist.

Die nächste Aussage über $\mathbb{Q}$ ist ein *Approximationssatz*, der besagt, daß $\mathbb{Q}$ „simultan" dicht in je endlich vielen p-adischen Komplettierungen liegt:

Satz 6.7. *Seien* $p_1, \dots, p_k$ *verschiedene Primzahlen,* $n_1, \dots, n_k \in \mathbb{N}$ *und* $x_i \in \mathbb{Q}_{p_i}$ $(1 \leq i \leq k)$ *gegeben. Dann gibt es ein Element* $x \in \mathbb{Q}$ *mit*

1. $\varphi_p(x) \leq 1$ *für* $p \notin \{p_1, \dots, p_k\}$, *und*
2. $\varphi_{p_i}(x - x_i) < \frac{1}{p_i^{n_i}}$ *für* $1 \leq i \leq k$.

Beweis. Der Beweis dieses Satzes nutzt zunächst die Dichtheit von $\mathbb{Q}$ in $\mathbb{Q}_{p_i}$ aus, die es gestattet, x_i durch $\tilde{x}_i \in \mathbb{Q}$ (für $1 \leq i \leq k$) zu ersetzen. Der Satz über die simultane Lösbarkeit von Kongruenzen in $\mathbb{Z}$ (Satz 3.1 aus Kapitel I) liefert dann den Satz 6.7, falls $\tilde{x}_i$ in $\mathbb{Z}$ gewählt werden kann, d. h. falls $x_i \in \mathbb{Z}_{p_i}$ liegt. Zum allgemeinen Fall:

Sei $z = \prod_{i=1}^{k} p_i^{-w_p(x_i)}$, $y_i := z \cdot x_i \in \mathbb{Q}_p$. Dann gibt es ein $y \in \mathbb{Z}$ mit

$$\varphi_{p_i}(y - y_i) < \frac{1}{p_i^{n_i - w_p(x_i)}}.$$

Setze

$$x := \frac{y}{z}.$$

Dann ist

$$\varphi_p(x) = \varphi_p(y) \cdot \varphi_p(z^{-1}) \leq 1 \quad \text{für } p \neq p_i \ (i = 1, \dots, k)$$

und

$$\varphi_{p_i}(x - x_i) = \varphi_{p_i}\left(\frac{y - y_i}{z}\right) < p_i^{-w_{p_i}(x_i)} \cdot \frac{1}{p^{n_i - w_{p_i}(x_i)}} = \frac{1}{p^{n_i}},$$

und wir haben Satz 6.7 bewiesen. □

Übungsaufgaben

1. Sei $f(X) = X^2 + a_1 X + a_0$ mit $a_0, a_1 \in \mathbb{Q}$. Zeige:
   f besitzt eine Nullstelle in $\mathbb{Q}_p$ für alle $p \in \mathbb{P}$ und in $\mathbb{R}$ genau dann, wenn f eine Nullstelle in $\mathbb{Q}$ besitzt.
2. Das Polynom $3X^3 + 4Y^3 + 5$ hat Nullstellen in $\mathbb{R}$ und in allen p-adischen Körpern $\mathbb{Q}_p$, aber es hat keine Nullstellen in $\mathbb{Q}$.
3. Seien p und q verschiedene Primzahlen. Zeige:
   $\mathbb{Q}_p$ ist zu keinem Teilkörper von $\mathbb{Q}_q$, isomorph.

   Hinweis: Es gibt zu p und q teilerfremde ganze Zahlen a, so daß a eine Quadratwurzel in $\mathbb{Q}_q$, aber keine Quadratwurzel in $\mathbb{Q}_p$ besitzt.

   Kann $\mathbb{Q}_p$ zu einem Teilkörper von $\mathbb{R}$ oder $\mathbb{R}$ zu einem Teilkörper von $\mathbb{Q}_p$ isomorph sein?

Kapitel IV Quadrate in $\mathbb{Q}_p$

§ 1 Quadratisches Restsymbol

Definition. Sei $p \neq 2$ eine Primzahl und $x \in \mathbb{Z}_p^\times$. x heißt *quadratischer Rest* mod p, falls es ein $y \in \mathbb{Z}_p$ gibt mit $y^2 - x \in p\mathbb{Z}_p$. Sonst heißt x *quadratischer Nichtrest.*

Schreibweise (Legendre-Symbol):

$$\left(\frac{x}{p}\right) := \left\{\begin{array}{rl} 1 \; ; & x \text{ quadratischer Rest} \\ -1 \; ; & x \text{ quadratischer Nichtrest} \end{array}\right\} \bmod p.$$

Lemma 1.1.

i) *Seien* $x, x' \in \mathbb{Z}_p^\times$ *mit* $x - x' \in p\mathbb{Z}_p$. *Dann ist* $\left(\frac{x}{p}\right) = \left(\frac{x'}{p}\right)$

ii) *Für* $x \in \mathbb{Z}_p^\times$ ist $\left(\frac{x}{p}\right) = 1$ *genau dann, wenn* $x \in \mathbb{Z}_p^{\times 2} = \{z^2 ; z \in \mathbb{Z}_p^\times\}$.

iii) *Für* $x \in \mathbb{Z} \cap \mathbb{Z}_p^\times = \{z \in \mathbb{Z}; p \nmid z\}$ ist $\left(\frac{x}{p}\right) = 1$ *genau dann, wenn es ein* $y \in \mathbb{Z}$ *gibt mit* $x \equiv y^2 \bmod p$, *oder anders ausgedrückt: Es ist* $\left(\frac{x}{p}\right) = 1$ *genau dann, wenn* $\bar{x} \in (\mathbb{Z}/p)^{\times 2} = \{\bar{z}^2 ; z \in (\mathbb{Z}/p)^\times\}$.

Beweis. i) folgt unmittelbar aus der Definition, ii) ist eine Konsequenz des Henselschen Lemmas, angewandt auf das Polynom $X^2 - x$. iii) folgt aus der Tatsache, daß für alle $y \in \mathbb{Z}_p$ in $y + p\mathbb{Z}_p$ ein Element aus $\mathbb{Z}$ liegt. □

Bemerkung. In der Literatur wird oft nur die Einschränkung des Legendre-Symbols auf $\mathbb{Z} \cap \mathbb{Z}_p^\times$ betrachtet.

Lemma 1.1 sagt insbesondere aus, daß man das Legendre-Symbol auch auf Klassen mod $p\mathbb{Z}_p$ definieren kann, ohne daß man Informationen verliert:

Definition. Sei $\bar{x} = x + p\mathbb{Z}_p$. Dann ist $\left(\frac{\bar{x}}{p}\right) := \left(\frac{x}{p}\right)$.

Da $\mathbb{Z}_p/p\mathbb{Z}_p$ auf natürliche Weise zu $\mathbb{Z}/p\mathbb{Z}$ isomorph ist, definiert $\left(\frac{-}{p}\right)$ eine Abbildung von $(\mathbb{Z}/p\mathbb{Z})^\times$ in $\{1, -1\}$.

Lemma 1.1, iii) besagt dann: Für $\bar{x} \in (\mathbb{Z}/p)^\times$ ist $\left(\frac{\bar{x}}{p}\right) = 1$ genau dann, wenn $\bar{x} \in (\mathbb{Z}/p)^{\times 2}$.

Lemma 1.2. $\left(\frac{-}{p}\right)$ *ist mit der Multiplikation verträglich, d.h. für* $x_1, x_2 \in \mathbb{Z}_p^\times$ *ist*

$$\left(\frac{x_1}{p}\right) \cdot \left(\frac{x_2}{p}\right) = \left(\frac{x_1 \cdot x_2}{p}\right) ,$$

oder in $(\mathbb{Z}/p)^\times$ *ausgedrückt:*

$$\left(\frac{\bar{x}_1}{p}\right) \cdot \left(\frac{\bar{x}_2}{p}\right) = \left(\frac{\bar{x}_1 \cdot \bar{x}_2}{p}\right).$$

Beweis. Sei w eine Primitivwurzel mod p, $\bar{x} \in (\mathbb{Z}/p)^\times$ und $\bar{x} = \bar{w}^k$. Dann ist $\bar{x} \in (\mathbb{Z}/p)^{\times 2}$ genau dann, wenn $k \equiv 0 \bmod 2$ ist. Daher ist $\left(\frac{x}{p}\right) = (-1)^k$, und die Multiplikativität von $\left(\frac{-}{p}\right)$ folgt sofort.□

Wir haben in dem Beweis auch schon eine Berechnungsmöglichkeit für $\left(\frac{x}{p}\right)$ gefunden:

Korollar 1.3. *Für* $\bar{x} \in (\mathbb{Z}/p)^\times$ *ist* $\left(\frac{x}{p}\right) = (-1)^{\mathrm{Index}(\bar{x})}$.

Korollar 1.4. $\left(\frac{-1}{p}\right) = (-1)^{\frac{p-1}{2}}$.

Korollar 1.5. *Sei* $x = (-1)^{\mu} \cdot 2^{\mu_2} \cdot \prod_{q \in \mathbb{P} \setminus \{p,2\}} q^{\mu_q}$.

Dann ist

$$\left(\frac{x}{p}\right) = (-1)^{\frac{(p-1)\mu}{2}} \cdot \left(\frac{2}{p}\right)^{\mu_2} \cdot \prod_{q \in \mathbb{P} \setminus \{p,2\}} \left(\frac{q}{p}\right)^{\mu_q}.$$

Korollar 1.6. *Da* $\left(\frac{w}{p}\right) = -1$ *ist für* $\langle \bar{w} \rangle = (\mathbb{Z}/p)^\times$ *und* $\left(\frac{1}{p}\right) = 1$, *folgt:*

$$(\mathbb{Z}/p)^\times \xrightarrow{\left(\frac{-}{p}\right)} \{1, -1\}$$

ist ein surjektiver Homomorphismus, dessen Kern (= Quadrate) die Ordnung $\frac{p-1}{2}$ *hat.*

Wie berechnet man $\left(\frac{x}{p}\right)$, falls man nicht Index $(\bar{x})$ kennt? Eine erste, mehr theoretische Möglichkeit bietet der

Satz 1.7. (Eulersches Kriterium). Für $\bar{x} \in (\mathbb{Z}/p)^\times$ ist $\left(\frac{x}{p}\right) \equiv x^{\frac{p-1}{2}} \bmod p$, wenn $x \in \bar{x}$ ist.

Beweis. Es ist $\bar{x}^{\frac{p-1}{2}} = \bar{1}$ genau dann, wenn $\mathrm{ord}(\bar{x}) \mid \frac{p-1}{2}$, d.h. Index $(\bar{x}) \cdot \frac{p-1}{2}$ ist durch $p-1$ teilbar, und somit: Index $(\bar{x})$ ist gerade.□

Praktischer ist das von Gauß stammende Lemma, das wir nun herleiten wollen: p sei wie immer eine ungerade Primzahl. Dann ist $\{0, \pm 1, \dots, \pm \frac{p-1}{2}\}$ ein Vertretersystem mod p. Sei $x \in \mathbb{Z}$ mit $p \nmid x$. Wir betrachten die $\frac{p-1}{2}$ Zahlen $\{x, 2x, \dots, \frac{p-1}{2} \cdot x\}$. Sei

$$i \cdot x \equiv (-1)^{\nu_i} \cdot i' \bmod p \quad \text{mit} \quad 0 < i' \leq \frac{p-1}{2} \quad \text{und} \quad 0 \leq \nu_i \leq 1.$$

Falls i alle Werte zwischen 1 und $\frac{p-1}{2}$ durchläuft, ist das auch mit i' der Fall, es gibt also eine Permutation

$$\sigma_x : \left\{1, \dots, \frac{p-1}{2}\right\} \to \left\{1, \dots, \frac{p-1}{2}\right\} \quad \text{mit } \sigma_x(i) = i'.$$

Dies nützen wir aus, indem wir für $i = 1, \dots, \frac{p-1}{2}$ die Kongruenzen multipli-

zieren und $\prod_{i=1}^{\frac{p-1}{2}} i = \prod_{i=1}^{\frac{p-1}{2}} \sigma_x(i)$ kürzen (da dieses Produkt zu p prim ist, ist das erlaubt). Wir bekommen dann mit Satz 1.7:

$$x^{\frac{p-1}{2}} \equiv \left(\frac{x}{p}\right) \equiv (-1)^{\sum_{i=1}^{\frac{p-1}{2}} \nu_i} \bmod p.$$

Wann ist $\nu_i = 1$?

Nach Definition ist

$$x \cdot i \equiv (-1)^{\nu_i} \cdot i' \bmod p \quad \text{mit} \quad 1 \leq i' \leq \frac{p-1}{2} \quad .$$

Also ist $\nu_i = 1$ genau dann, wenn das Element mit dem kleinsten Betrag aus $\overline{x \cdot i}$ negativ ist.

Es folgt:

Satz 1.8 (Gaußsches Lemma). $\left(\frac{x}{p}\right) = (-1)^r$, *wobei* r *gleich der Anzahl der Restklassen* mod p *in* $\{\overline{x}, 2\overline{x}, \dots, \frac{p-1}{2} \cdot \overline{x}\}$ *ist, bei denen der Vertreter mit dem kleinsten Betrag negativ ist.*

Satz 1.8 kann verwendet werden, um $\left(\frac{2}{p}\right)$ zu berechnen:

Korollar 1.9. $\left(\frac{2}{p}\right) = 1 \Leftrightarrow p \equiv \pm 1 \bmod 8$, *oder anders ausgedrückt:*

$$\left(\frac{2}{p}\right) = (-1)^{\frac{p^2-1}{8}} .$$

Bemerkung. Ähnlich wie bei $\left(\frac{-1}{p}\right)$ haben wir $\left(\frac{2}{p}\right)$ als *Funktion von* p ausgedrückt, in der das Kongruenzverhalten von 2 mod p gar nicht auftritt.

Beweis. Die Zahlen $\{1 \cdot 2, 2 \cdot 2, \dots, \frac{p-1}{2} \cdot 2\}$ sind genau die geraden Zahlen in $\{1, \dots, p\}$. Die Klassen mit negativen betragskleinsten Vertretern sind genau die Klassen $\{\overline{\frac{p+1}{2}}, \dots, \overline{p-1}\}$. Es folgt: $\left(\frac{2}{p}\right) = (-1)^\nu$ mit ν = Anzahl der geraden Zahlen zwischen p/2 und p; das ist aber gerade gleich der Anzahl der ganzen Zahlen zwischen p/4 und p/2.

Die erste dieser ganzen Zahlen ist gleich $\begin{cases} \frac{p+1}{4}, & \text{falls } p \equiv 3 \bmod 4 \\ \frac{p+3}{4}, & \text{falls } p \equiv 1 \bmod 4 \end{cases}$

Die letzte ganze Zahl ist auf jeden Fall $\frac{p-1}{2}$.

$$\text{Damit:}\quad \nu = \begin{cases} \frac{p-1}{2} - \frac{p+1}{4} + 1 = \frac{p+1}{4} & (p \equiv 3 \bmod 4) \\ \frac{p-1}{2} - \frac{p+3}{4} + 1 = \frac{p-1}{4} & (p \equiv 1 \bmod 4) \end{cases}.$$

Das heißt aber gerade: ν ist gerade genau dann, wenn $p \equiv \pm 1 \bmod 8$ ist. □

Unser Ziel ist es nun, ganz allgemein für zwei verschiedene ungerade Primzahlen p, q $\left(\frac{q}{p}\right)$ mit $\left(\frac{p}{q}\right)$ in Verbindung zu bringen. Dies geht tatsächlich; die Lösung des Problems ist gegeben durch das *quadratische Reziprozitätsgesetz von Gauß,* das wegen seiner Schönheit und Bedeutung einen eigenen Paragraphen verdient.

§ 2 Das quadratische Reziprozitätsgesetz

Satz 2.1. *Es seien* $p \neq q$ *ungerade Primzahlen. Dann ist:*

i) $\left(\frac{-1}{p}\right) = (-1)^{\frac{p-1}{2}}$

ii) $\left(\frac{2}{p}\right) = (-1)^{\frac{p^2-1}{8}}$

iii) $\left(\frac{p}{q}\right)\left(\frac{q}{p}\right) = (-1)^{\frac{p-1}{2}\cdot\frac{q-1}{2}}$, *oder anders gesagt:*

$$\left(\frac{p}{q}\right) = (-1)^{\epsilon}\cdot\left(\frac{q}{p}\right) \quad \textit{mit} \quad \epsilon = \begin{cases} 1, & \textit{falls } p \equiv q \equiv 3 \bmod 4 \\ 0 & \textit{sonst} \end{cases}.$$

Beweis. i) und ii), die sogenannten *Ergänzungssätze,* haben wir schon bewiesen. Zu iii): Es gibt inzwischen eine große Anzahl von verschiedenen Beweisen, die zum großen Teil auf Gauß zurückgehen. Wir bringen hier einen „geometrischen" Beweis, der auf dem Gaußschen Lemma beruht und der [7] folgt.

Seien $p \neq q$ ungerade Primzahlen. Dann ist $\left(\frac{q}{p}\right) = (-1)^r$ und r gleich der Anzahl der Klassen mod p in $\{x\cdot\bar{q},\ 1 \leq x \leq \frac{p-1}{2}\}$, bei denen der betragskleinste Rest negativ ist. Also

$$r = \#\left\{1 \leq x \leq \frac{p-1}{2};\ \text{es gibt } y \in \mathbb{Z} \text{ mit } -\frac{p}{2} < qx - py < 0\right\}.$$

Behauptung: Für alle x ist $0 < y \leq \frac{q-1}{2}$.

Beweis: Da $qx > 0$ ist, muß $y > 0$ sein.

Da $py < qx + p/2 \leq \frac{p-1}{2}\cdot q + p/2 < \frac{p(q+1)}{2}$, ist $y < \frac{q+1}{2}$, oder $0 < y \leq \frac{q-1}{2}$.

Da y durch x eindeutig bestimmt ist, ist

$$r = \#\left\{(x,y);\ 1 \leq x \leq \frac{p-1}{2},\ 1 \leq y \leq \frac{q-1}{2},\ -\frac{p}{2} < qx - py < 0\right\}.$$

Falls $\left(\frac{p}{q}\right) = (-1)^{r'}$ ist (entsprechend gebildet), gilt:

$$r' = \# \left\{(x, y);\ 1 \le x \le \frac{p-1}{2},\ 1 \le y \le \frac{q-1}{2}, -\frac{q}{2} < py - qx < 0\right\},$$

und somit

$$r + r' = \# \left\{(x, y);\ 1 \le x \le \frac{p-1}{2},\ 1 \le y \le \frac{q-1}{2}, -\frac{p}{2} < qx - py < \frac{q}{2}\right\}.$$

Dabei muß noch eine Schwierigkeit beachtet werden: In der Beschreibung von $r + r'$ könnte auch $qx - py = 0$ möglich sein. Da dann $qx = py$ wäre, wäre $x = \frac{p \cdot y}{q}$, also müßte q y teilen. Daher wäre dann aber $y \ge q$, was verboten ist.

Machen wir eine Skizze:

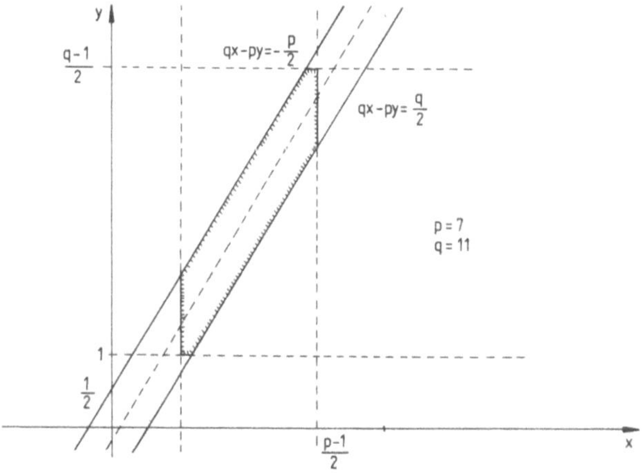

Wir suchen Punkte mit ganzen Koordinaten im Innern des schraffierten Gebietes, das im Innern des Rechtecks ▭ mit den Eckpunkten

$$\left\{(1,1), \left(\frac{p-1}{2}, 1\right), \left(\frac{p-1}{2}, \frac{q-1}{2}\right), \left(1, \frac{q-1}{2}\right)\right\}$$

liegt. Der Mittelpunkt von ▭ ist gegeben durch

$$(x_0, y_0) = \left(\frac{p+1}{4}, \frac{q+1}{4}\right).$$

Die Gerade durch (x_0, y_0) mit der Steigung q/p hat die Gleichung

$$qx - py = \frac{q}{4} - \frac{p}{4} = \frac{1}{2}\left(\frac{q}{2} - \frac{p}{2}\right),$$

ist also die *Mittelparallele* zu den Geraden

$$qx - py = -\frac{p}{2} \quad \text{und} \quad qx - py = \frac{q}{2}.$$

Daher liegt das schraffierte Gebiet *symmetrisch* in $\square$, auf den Begrenzungslinien liegen als ganzzahlige Punkte gerade die Eckpunkte von $\square$. Daher gilt:

$r + r' \equiv$ Anzahl der Punkte mit ganzen Koordinaten in $\square$ mod 2.

Diese Anzahl berechnet sich aber zu $\frac{(p-1)(q-1)}{4}$ und damit ist

$$\left(\frac{q}{p}\right) \cdot \left(\frac{p}{q}\right) = (-1)^{r+r'} = (-1)^{\frac{p-1}{2} \cdot \frac{q-1}{2}}. \square$$

Beispiel.

$$\left(\frac{50009}{129061}\right) = \left(\frac{43 \cdot 1163}{129061}\right) = \left(\frac{43}{129061}\right) \cdot \left(\frac{1163}{129061}\right)$$

$$= \left(\frac{129061}{43}\right) \cdot \left(\frac{129061}{1163}\right) \quad (\text{da } 129061 \equiv 1 \bmod 4)$$

$$= \left(\frac{18}{43}\right) \cdot \left(\frac{-32}{1163}\right) = \left(\frac{2}{43}\right) \cdot \left(\frac{-2}{1163}\right) = (-1) \cdot (-1) \cdot (-1)$$

$$(\text{wegen der Ergänzungssätze}) = -1.$$

Man sieht, welche Erleichterung das Reziprozitätsgesetz bei der Berechnung des Legendre-Symbols bietet.

Unschön und rechentechnisch störend ist, daß man in jedem Berechnungsschritt die oben stehende Zahl in Primfaktoren zerlegen muß, um das Reziprozitätsgesetz anwenden zu können. Deshalb verallgemeinert man das Legendre-Symbol, indem man das Gaußsche Lemma ausnützt.

Sei $m \in \mathbb{N}$, m ungerade. Sei für $x \in \mathbb{Z}$ mit $\mathrm{ggT}(x, m) = 1$:

r_x = Anzahl der Klassen mod m aus $\{\overline{x}, 2\overline{x}, \ldots, \frac{m-1}{2}\overline{x}\}$ mit negativem absolut kleinstem Rest.

Definition. Das Jacobi-Symbol $\left(\frac{\overline{x}}{m}\right)$ für Kongruenzklassen $\overline{x} \in (\mathbb{Z}/m)^{\times}$ ist definiert durch

$$\left(\frac{\overline{x}}{m}\right) := (-1)^{r_x}, \quad x \in \overline{x}.$$

Es ist klar, daß, falls m eine Primzahl ist, das Jacobi-Symbol mit dem Legendre-Symbol übereinstimmt.

Weitere Eigenschaften, die sich vorteilhaft zur Berechnung des Legendre-Symbols ausnützen lassen, sind in den folgenden Übungsaufgaben aufgelistet.

Übungsaufgaben

1. Sei $m \in \mathbb{N}$ ungerade und $x \in \mathbb{Z}$ mit $\text{ggT}(x, m) = 1$, sei $\left(\frac{\bar{x}}{m}\right)$ das Jacobi-Symbol der Klasse von x mod m.

a) Falls $m \in \mathbb{P}$, so ist $\left(\frac{\bar{x}}{m}\right)$ gleich dem Legendre-Symbol.

b) Falls $x' \in \bar{x}$ so, daß $x' \in \mathbb{N}$ und $2 \nmid x'$, so ist

$$\left(\frac{\bar{x}}{m}\right)\left(\frac{\bar{m}}{x'}\right) = (-1)^{\frac{(m-1)}{2} \cdot \frac{x'-1}{2}}.$$

c) Falls $x = x_1 \cdot x_2$ ist, so ist $\left(\frac{\bar{x}}{m}\right) = \left(\frac{\bar{x}_1}{m}\right)\left(\frac{\bar{x}_2}{m}\right)$.

d) Falls $m = m_1 \cdot m_2$ ist, so ist $\left(\frac{\bar{x}}{m}\right) = \left(\frac{\bar{x}}{m_1}\right)\left(\frac{\bar{x}}{m_2}\right)$.

(Auf der linken Seite sind natürlich die Klassen von x mod m_1 bzw. m_2 zu nehmen.)

e) $\left(\frac{\overline{-1}}{m}\right) = (-1)^{\frac{m-1}{2}}$.

f) $\left(\frac{\bar{2}}{m}\right) = (-1)^{\frac{m^2-1}{8}}$.

2. Berechne die folgenden Legendre-Symbole:

$$\left(\frac{3003}{48593}\right), \left(\frac{5003}{104729}\right), \left(\frac{6007}{6190003}\right), \left(\frac{47527}{10006721}\right).$$

3. Sei $p \in \mathbb{P}$, $p \neq 2$. Sei $q > p$ eine andere Primzahl.
Für $p \equiv 1 \bmod 4$ sei $q = kp + r$ mit $0 < r < p$, für $p \equiv 3 \bmod 4$ sei r gegeben durch $q = 4kp \pm r$ und $0 < r < 4p$, $r \equiv 1 \bmod 4$.
Durch diese Bedingungen ist r eindeutig bestimmt. (Warum?) Zeige: Es ist

$$\left(\frac{p}{q}\right) = \left(\frac{r}{p}\right).$$

Wähle $p = 11$ und bestimme alle $q \neq 2$, für die $\left(\frac{11}{q}\right) = 1$ ist.

4. Zeige: 7 ist Primitivwurzel für alle Primzahlen der Form $p = 2^{4n} + 1$ $(n \in \mathbb{N})$.
Hinweis: Zeige, daß die Behauptung äquivalent ist zu $\left(\frac{7}{p}\right) = -1$ und daß $2^m + 1 \in \mathbb{P}$ impliziert, daß $m = 2^\mu$ mit $\mu \geq 0$ ist.
(Man erhält so die „Fermatschen Zahlen".) Berechne dann die Kongruenzklassen von $2^{4n} + 1$ mod 7.

Für die beiden folgenden Aufgaben soll, bei Bedarf, der *Primzahlsatz von Dirichl*e (siehe **Anhang**) verwendet werden.

5. Sei $a \in \mathbb{Q}$. Dann ist a kein Quadrat in $\mathbb{Q}$ genau dann, wenn für unendlich viele $p \in \mathbb{P}$ gilt: a ist kein Quadrat in $\mathbb{Q}_p$.

6. Sei $q \in \mathbb{P}$, $q \neq 2$. Zeige:
Es gibt jeweils unendlich viele Primzahlen p mit $\left(\frac{q}{p}\right) = 1$ bz

§ 3 Quadratklassen in $\mathbb{Q}_p$

Definition. $\mathbb{Q}_p^{\times 2} = \{x \in \mathbb{Q}_p^\times ; \exists\, y \in \mathbb{Q}_p^\times$ mit $y^2 = x\}$ heißt die Menge der Quadrate in $\mathbb{Q}_p$.

$\mathbb{Q}_p^{\times 2}$ ist eine Untergruppe der multiplikativen Gruppe $\mathbb{Q}_p^\times$.

Definition. $\mathbb{Q}_p^\times / \mathbb{Q}_p^{\times 2}$ heißt die *Quadratklassengruppe von* $\mathbb{Q}_p$. (Die Elemente aus $\mathbb{Q}_p^\times / \mathbb{Q}_p^{\times 2}$ sind von der Form

$$x \cdot \mathbb{Q}_p^{\times 2} = \{y \in \mathbb{Q}_p^\times ; \exists\, z \in \mathbb{Q}_p^\times \text{ mit } y = x \cdot z^2\}.$$

Die Verknüpfung in $\mathbb{Q}_p^\times / \mathbb{Q}_p^{\times 2}$ wird wie üblich über Vertreter definiert.)

Schreibweise. Seien $x, y \in \mathbb{Q}_p^\times$. Dann heißt x quadratgleich zu y ($x \underset{2}{=} y$), falls $x \in y \cdot \mathbb{Q}_p^{\times 2}$, oder: $x = y \cdot z^2$ mit $z \in \mathbb{Q}_p^\times$.

Wir wollen nun die Struktur von $\mathbb{Q}_p^\times / \mathbb{Q}_p^{\times 2}$ bestimmen. Auf jeden Fall ist dies eine abelsche Gruppe, in der jedes Element ungleich $\mathbb{Q}_p^{\times 2}$ die Ordnung 2 hat. Sei $\mathbb{Z}_p^{\times 2}$ die Menge der Quadrate in $\mathbb{Z}_p^\times$. (Dies ist eine Untergruppe von $\mathbb{Z}_p^\times$.) Wir haben in §1 gesehen, daß für $p \neq 2$ und $x \in \mathbb{Z}_p^\times$ gilt: $x \in \mathbb{Z}_p^{\times 2}$ genau dann, wenn $\left(\frac{x}{p}\right) = 1$. Für $p = 2$ gilt

Lemma 3.1. $x \in \mathbb{Z}_2^\times$ *ist Quadrat genau dann, wenn* $w_2(x-1) \geq 3$.

Beweis. Sei $x = 1 + \lambda \cdot 2 = y^2 = (1 + \mu \cdot 2)^2$ mit $\lambda, \mu \in \mathbb{Z}_2$. Da $y^2 = 1 + 4\mu + 4\mu^2 = 1 + 4\mu(1+\mu)$ ist und entweder $w_2(\mu) > 0$ oder $w_2(1+\mu) > 0$ ist, folgt $w_2(x-1) \geq 3$.

Sei umgekehrt $x = 1 + \lambda \cdot 2^3$ mit $\lambda \in \mathbb{Z}_2$. Setze $y_0 = 1$ und betrachte wieder das Polynom $Y^2 - x$. Dann ist $w_2(y_0^2 - x) \geq 3$, $w_2(2y_0) = w_2(2) = 1$, und somit ist

$$\varphi_2(y_0^2 - x) \leq \frac{1}{2^3} < \varphi_2((Y^2 - x)'(y_0))^2 = \frac{1}{4}.$$

Also folgt aus Newtons Lemma, daß ein $y \in \mathbb{Z}_2$ mit $y^2 = x$ existiert. □

Sei $x \in \mathbb{Q}_p^\times$. Dann schreibt sich x als

$$x = x_0 \cdot p^{w_p(x)} \quad \text{mit} \quad x_0 \in \mathbb{Z}_p^\times.$$

Lemma 3.2. $x \underset{2}{=} 1$ *genau dann, wenn* $x_0 \in \mathbb{Z}_p^{\times 2}$ *und* $w_p(x) \equiv 0 \bmod 2$.

Beweis. Falls $x = x_0 \cdot p^{w_p(x)} = y_0^2 \cdot p^{\left(\frac{w_p(x)}{2}\right) \cdot 2}$, ist $x \underset{2}{=} 1$.

Sei umgekehrt $x = y^2$. Dann ist $w_p(x) = 2 w_p(y) \equiv 0 \bmod 2$, also:

$x = x_0 \cdot p^{\left(\frac{w_p(x)}{2}\right) \cdot 2}$, oder $x \underset{2}{=} x_0$. Daher ist $x_0 = z^2$ mit $z \in \mathbb{Q}_p^\times$. Wegen $w_p(x_0) = 2 w_p(z) = 0$ ist $z \in \mathbb{Z}_p^\times$, also ist $x_0 \in \mathbb{Z}_p^{\times 2}$. □

Wir können jetzt $\mathbb{Q}_p^\times/\mathbb{Q}_p^{\times 2}$ beschreiben:

Satz 3.3. *$\mathbb{Q}_p^\times/\mathbb{Q}_p^{\times 2}$ ist eine endliche abelsche Gruppe. Falls $p \neq 2$ ist, ist $\mathbb{Q}_p^\times/\mathbb{Q}_p^{\times 2} = \langle p \cdot \mathbb{Q}_p^{\times 2}\rangle \oplus \langle z \cdot \mathbb{Q}_p^{\times 2}\rangle$, wobei $z \in \mathbb{Z}_p^\times \setminus \mathbb{Z}_p^{\times 2}$ ist.*
Falls $p = 2$ ist, ist $\mathbb{Q}_2^\times/\mathbb{Q}_p^{\times 2} = \langle 2 \cdot \mathbb{Q}_2^{\times 2}\rangle \oplus \langle -1 \cdot \mathbb{Q}_2^{\times 2}\rangle \oplus \langle 5 \cdot \mathbb{Q}_2^{\times 2}\rangle$.

Insbesondere folgt. Für $p \neq 2$ gibt es zu $x \in \mathbb{Q}_p^\times$ eindeutig mod 2 *bestimmte Zahlen δ_1, δ_2, so daß $x \underset{2}{=} z^{\delta_1} \cdot p^{\delta_2}$ ist. Für $p = 2$ gibt es zu $x \in \mathbb{Q}_2^\times$ eindeutig* mod 2 *bestimmte Zahlen $\delta_1, \delta_2, \delta_3$, so daß $x \underset{2}{=} (-1)^{\delta_1} \cdot 5^{\delta_2} \cdot 2^{\delta_3}$ ist.*

Beweis. 1. Sei $p \neq 2$. $x = x_0 \cdot p^{w_p(x) =: \delta_2}$. Sei $z \in \mathbb{Z}_p^\times$ mit $\left(\frac{z}{p}\right) = -1$ (dies existiert). Dann ist

$$x_0 \underset{2}{=} z^{\delta_1} \text{ mit } \delta_1 = \begin{cases} 0\,, & \text{falls } \left(\dfrac{x_0}{p}\right) = 1\,, \\ 1\,, & \text{falls } \left(\dfrac{x_0}{p}\right) = -1\,. \end{cases}$$

Also ist $x \underset{2}{=} z^{\delta_1} \cdot p^{\delta_2}$. Da $\langle p \cdot \mathbb{Q}_p^{\times 2}\rangle \cap \langle z \cdot \mathbb{Q}_p^{\times 2}\rangle = \{\mathbb{Q}_p^{\times 2}\}$ ist (denn falls $x \underset{2}{=} z^{\delta_1}$, dann ist $w_p(x) \equiv 0 \bmod 2$, also gilt, falls zusätzlich $x \underset{2}{=} p^{\delta_2}$: $w_p(x) \equiv \delta_2 \equiv 0 \bmod 2$, oder: $x \in \mathbb{Q}_p^{\times 2}$), folgt die Eindeutigkeit.

2. Sei $p = 2$. $x = x_0 \cdot 2^{w_2(x) =: \delta_3}$; $x_0 \in \mathbb{Z}_2^\times$. Sei $\widetilde{x}_0 \in \mathbb{Z}$ mit $w_2(x_0 - \widetilde{x}_0) \geq 3$. Sei δ_1 so, daß $\widetilde{x}_0 \cdot (-1)^{\delta_1} \equiv 1 \bmod 4$ ist, also etwa $\delta_1 = 0$, falls $\widetilde{x}_0 \equiv 1 \bmod 4$ oder $\delta_1 = 1$, falls $\widetilde{x}_0 \equiv 3 \bmod 4$.
Falls $\widetilde{x}_0 \cdot (-1)^{\delta_1} \equiv 1 \bmod 8$ ist, wähle $\delta_2 = 0$. Andernfalls ist $\widetilde{x}_0 \cdot (-1)^{\delta_1} \equiv 5 \bmod 8$, also ist $5 \cdot \widetilde{x}_0 \cdot (-1)^{\delta_1} \equiv 1 \bmod 8$. Wähle $\delta_2 = 1$. In jedem Fall gilt: $\widetilde{x}_0 (-1)^{\delta_1} \cdot 5^{\delta_2} \equiv 1 \bmod 8$.
Wegen $w_2(x_0 - \widetilde{x}_0) \geq 3$ folgt daraus: $w_2(x_0(-1)^{\delta_1} \cdot 5^{\delta_2} - 1) \geq 3$, also wegen Lemma 3.1:

$$x_0 (-1)^{\delta_1} \cdot 5^{\delta_2} \in \mathbb{Z}_2^{\times 2}\,,$$

und deshalb ist

$$x_0 \underset{2}{=} (-1)^{\delta_1} \cdot 5^{\delta_2}, \quad x \underset{2}{=} (-1)^{\delta_1} \cdot 5^{\delta_2} \cdot 2^{\delta_3}.$$

Wir haben noch die Eindeutigkeit von $(\delta_1, \delta_2, \delta_3)$ mod 2 zu zeigen.
Sei $(-1)^{\delta_1} \cdot 5^{\delta_2} \cdot 2^{\delta_3} = (-1)^{\mu_1} \cdot 5^{\mu_2} \cdot 2^{\mu_3} \cdot z^2$ mit $z \in \mathbb{Q}_2^\times$. Dann ist $\delta_3 = \mu_3 + 2 w_2(z)$, also $\delta_3 \equiv \mu_3 \bmod 2$, und daher:

$$(-1)^{\delta_1} \cdot 5^{\delta_2} = (-1)^{\mu_1} \cdot 5^{\mu_2} \cdot z'^2 \quad (\text{mit } z' \in \mathbb{Z}_2^\times).$$

Es folgt wegen Lemma 3.1:

$$(-1)^{\delta_1-\mu_1}\cdot 5^{\delta_2-\mu_2}\equiv 1 \bmod 8\mathbb{Z}_2,\ \text{oder}$$

$$(-1)^{\delta_1-\mu_1}\equiv 5^{\mu_2-\delta_2} \bmod 8\mathbb{Z}_2\ .$$

Sei $\delta_1-\mu_1$ ungerade, dann heißt das: 5 oder 5^2 ist kongruent zu -1 mod 8, was falsch ist. Daraus folgt: $\delta_1\equiv\mu_1$ mod 2 und deshalb

$$5^{\mu_2-\delta_2}\equiv 1 \bmod 8,\quad \text{also:}\quad \delta_2\equiv\mu_2 \bmod 2.$$

Unser Satz ist daher bewiesen. □

Bemerkung. Die Quadratklassen der archimedischen Komplettierung $\mathbb{R}$ von $\mathbb{Q}$ bestehen bekanntlich aus den positiven bzw. den negativen reellen Zahlen; es ist $\mathbb{R}^\times/\mathbb{R}^{\times 2}=\{\mathbb{R}_{>0},\mathbb{R}_{<0}\}=\{\mathbb{R}^{\times 2},-\mathbb{R}^{\times 2}\}\cong\mathbb{Z}/2$.

Übungsaufgaben

1. Welche der folgenden Zahlen sind Quadrate in $\mathbb{Q}_p$?

   a) $\frac{3}{4}, \frac{12}{35}, \frac{-8}{25}$ für $p=2,3,5,7,11,13$,

   b) 874 für $p=5231$,

   c) -1270 für $p=8737$,

   d) 641 für $p=6700417$.

   (Es ist übrigens $2^{2^5}+1=641\cdot 6700417$ die fünfte Fermatzahl.)

2. Sei $a\in\mathbb{Q}_p^\times$. Wann gibt es $x,y\in\mathbb{Q}_p^\times$, so daß $x^2-ay^2=0$ ist?
   Prüfe speziell die Paare
   $(a,p)\in\{(7,5),(-2,7),(15,3)\,(-19,11),(7,2),(-7,2),(8,2),(-6,2)\}$.

§ 4 Das Hilbert-Symbol

Sei $a\in\mathbb{Q}_p^\times$.

Definition. $N_a:=\{z\in\mathbb{Q}_p^\times;\exists x,y\in\mathbb{Q}_p \text{ mit } z=x^2-ay^2\}$.

Sei $b\in\mathbb{Q}_p^\times$.

Definition. $$\left(\frac{a,b}{p}\right):=\begin{cases}1, & \text{falls}\quad b\in N_a\\ -1, & \text{falls}\quad b\notin N_a\end{cases}.$$

$\left(\frac{a,b}{p}\right)$ heißt das *p-adische Hilbert-Symbol* zu (a, b).

Wir untersuchen nun Eigenschaften dieses Symbols.

Lemma 4.1. *Es ist für alle* $c \in \mathbb{Q}_p^\times$: $\left(\frac{a,c^2}{p}\right) = 1$ *und* $\left(\frac{a,bc^2}{p}\right) = \left(\frac{a,b}{p}\right)$.

Beweis. Wegen $c^2 = c^2 - a \cdot 0$ liegt $c^2 \in N_a$.
Sei $\left(\frac{a,bc^2}{p}\right) = 1$, also $bc^2 = x^2 - ay^2$. Dann ist $b = x^2/c^2 - a\ y^2/c^2$, also $b \in N_a$, und daher $\left(\frac{a,b}{p}\right) = 1$.
Sei $\left(\frac{a,b}{p}\right) = 1$. Dann ist $b = x^2 - ay^2$, also ist auch $\left(\frac{a,bc^2}{p}\right) = 1$.□
Eine Folgerung ist, daß $N_a \supset \mathbb{Q}_p^{\times 2}$.

Lemma 4.2.

i) N_a ist eine Untergruppe von $\mathbb{Q}_p^\times$.
ii) Falls $a \in \mathbb{Q}_p^{\times 2}$, dann ist $N_a = \mathbb{Q}_p^\times$.

Beweis. i) Seien $b_1, b_2 \in N_a$. Da $b_2^{-1} \underset{2}{=} b_2$ ist, genügt es zu zeigen: $b_1 \cdot b_2 \in N_a$.

Sei $b_i = x_i^2 - ay_i^2$. Dann ist $b_1 \cdot b_2 = (x_1x_2 + ay_1y_2)^2 - a(x_1y_2 + x_2y_1)^2$, also aus N_a.
ii) Sei $a = z^2$, $b \in \mathbb{Q}_p^\times$ beliebig. Dann ist $b \in N_a$ genau dann, wenn $b = y^2 - z^2 \cdot x^2 = y^2 - x'^2$ mit geeignetem $x', y \subset \mathbb{Q}_p$ ist. Wegen $b = \left(\frac{b+1}{2}\right)^2 - \left(\frac{b-1}{2}\right)^2$ ist das aber für alle $b \in \mathbb{Q}_p$ der Fall.□
Wir wollen auch die Umkehrung von Lemma 4.2, ii) beweisen. Zuerst machen wir eine

Vorbemerkung. Es ist $b \in N_a$ genau dann, wenn $a \in N_b$ ist, d. h.

$$\left(\frac{a,b}{p}\right) = \left(\frac{b,a}{p}\right) \qquad \text{für alle} \quad a, b \in \mathbb{Q}_p^\times .$$

Beweis: Sei $b = x^2 - ay^2$. Dann ist $ay^2 = x^2 - b$. Falls $y = 0$ ist, ist b ein Quadrat, also $N_b = \mathbb{Q}_p^\times$. Sonst dividiere durch y^2.
Sei jetzt $a \in \mathbb{Q}_p^\times \setminus \mathbb{Q}_p^{\times 2}$, $p \neq 2$.
1. Fall: $a \in \mathbb{Z}_p^\times$.
Behauptung: $\left(\frac{a,pz}{p}\right) = -1$ für alle $z \in \mathbb{Z}_p^\times$.

Denn: Wäre $pz \in N_a$, dann wäre auch $a \in N_{pz}$, also: $a = x^2 - pzy^2$, und, da $w_p(x^2) \equiv 0 \bmod 2$, $w_p(zpy^2) \equiv 1 \bmod 2$ ist, folgt:
$0 = w_p(a) = \mathrm{Min}\ \{2w_p(x), 2w_p(y) + 1\}$. Das bedeutet $w_p(x) = 0$, $w_p(y) \geq 0$.
Daraus folgt $a \in \mathbb{Z}_p^{\times 2}$, was ein Widerspruch ist.

2. Fall: $a \notin \mathbb{Z}_p^\times$. Dann ist $a \underset{2}{=} pz$, $z \in \mathbb{Z}_p^\times$. Sei $b \in \mathbb{Z}_p^\times$ mit $\left(\frac{b}{p}\right) = -1$.

Dann ist $\left(\frac{a,b}{p}\right) = \left(\frac{b,pz}{p}\right) = -1$ nach oben, das heißt:

Für $p \neq 2$ haben wir gezeigt:

Lemma 4.3. *Es ist* $N_a = \mathbb{Q}_p^\times$ *genau dann, wenn* $a \in \mathbb{Q}_p^{\times 2}$.

Bemerkung. Lemma 4.3 gilt auch für $p = 2$ (s. Übungsaufgabe 1).
Die Situation ist also:

$$\mathbb{Q}_p^{\times 2} \subset N_a \subset \mathbb{Q}_p^\times, \text{ und falls } a \notin \mathbb{Q}_p^{\times 2}, \text{ ist } N_a \neq \mathbb{Q}_p^\times.$$

Daher ist für $p \neq 2$ und $a \notin \mathbb{Q}_p^{\times 2}$:

$$\mathbb{Q}_p^\times / N_a \cong \begin{cases} \mathbb{Z}/2 & (\text{falls } N_a \neq \mathbb{Q}_p^{\times 2}) \\ \mathbb{Z}/2 \times \mathbb{Z}/2 & (\text{falls } N_a = \mathbb{Q}_p^{\times 2}) \end{cases}.$$

Lemma 4.4. *Es ist* $\mathbb{Q}_p^\times / N_a \cong \mathbb{Z}/2$

Beweis. Für $p = 2$ wird der Beweis wieder als Übungsaufgabe emfpholen.
Sei $p \neq 2$. Wir haben nur zu zeigen: Es gibt ein Element in N_a, das kein Quadrat ist.
Sei als erstes $a \in \mathbb{Z}_p^\times$, $\left(\frac{a}{p}\right) = -1$. Es ist $\left(\frac{a, -a}{p}\right) = 1$, da $-a = -a \cdot 1^2$.
Falls also $\left(\frac{-a}{p}\right) = \left(\frac{-1}{p}\right)\left(\frac{a}{p}\right) = -1$ ist, ist $-a \in N_a \backslash \mathbb{Q}_p^{\times 2}$.
Sonst ist $\left(\frac{-1}{p}\right) = -1$. Sei $2 \leq z \leq p - 1$ minimaler quadratischer Nichtrest mod p, dann ist $z - 1$ quadratischer Rest, also $1 - z$ quadratischer Nichtrest.
Da $a \underset{2}{=} z$, ist $\left(\frac{a, 1-z}{p}\right) = \left(\frac{z, 1-z}{p}\right) = 1$, da $1 - z = 1^2 - z(1^2)$, und wir haben $1 - z \in N_a \backslash \{\mathbb{Q}_p^{\times 2}\}$.
Wir können jetzt annehmen: $a \underset{2}{=} p$ oder $a \underset{2}{=} z \cdot p$. Dann ist $-a$ kein Quadrat, aber $\left(\frac{a, -a}{p}\right) = 1$, wir haben wieder $-a \in N_a \backslash \{\mathbb{Q}_p^{\times 2}\}$, das Lemma ist bewiesen. □

Als letztes zeigen wir, daß das Hilbert-Symbol multiplikativ „in beiden Argumenten" ist, das heißt: Für $a, b_1, b_2 \in \mathbb{Q}_p^\times$ ist

$$\left(\frac{a, b_1 \cdot b_2}{p}\right) = \left(\frac{a, b_1}{p}\right) \cdot \left(\frac{a, b_2}{p}\right)$$

und entsprechendes gilt wegen der Symmetrie auch für das erste Argument.

Beweis: Falls $b_1, b_2 \in N_a$, ist wegen Lemma 4.2 auch $b_1 \cdot b_2 \in N_a$, und die Multiplikativität ist richtig.
Sei $\left(\frac{a, b_2}{p}\right) = -1$, $\left(\frac{a, b_1}{p}\right) = 1$.
Wäre $\left(\frac{a, b_1 b_2}{p}\right) = 1$, so wäre auch $\left(\frac{a, (b_1 \cdot b_2) \cdot b_1}{p}\right) = 1$, also auch $\left(\frac{a, b_2}{p}\right) = 1$, was ein Widerspruch ist.
Falls als letzte Möglichkeit $b_1 \notin N_a$, $b_2 \notin N_a$, dann gibt es wegen Lemma 4.4 ein $c \in N_a$ mit $b_1 = c \cdot b_2$. Also ist

$$\left(\frac{a, b_1 \cdot b_2}{p}\right) = \left(\frac{a, c \cdot b_2^2}{p}\right) = 1 = \left(\frac{a, b_1}{p}\right) \cdot \left(\frac{a, b_2}{p}\right)$$

Fassen wir alles, was wir über das Hilbert-Symbol wissen, in einem Satz zusammen:

Satz 4.5. *Das* p*-adische Hilbert-Symbol* $\left(\frac{a,b}{p}\right)$ *hängt nur von den Quadratklassen von* a *und* b *ab und induziert daher eine Abbildung von*

$$\mathbb{Q}_p^\times/\mathbb{Q}_p^{\times 2} \times \mathbb{Q}_p^\times/\mathbb{Q}_p^{\times 2} \to \mathbb{Z}^\times = \{1,-1\},$$

die eine symmetrische, nichtausgeartete Bilinearform des $\mathbb{Z}/2$*-Vektorraumes* $\mathbb{Q}_p^\times/\mathbb{Q}_p^{\times 2}$ *ist. (Die Skalare aus* $\mathbb{Z}/2$ *wirken durch Potenzieren von Vertretern auf den Quadratklassen.)*

Das p*-adische Hilbert-Symbol ist also eindeutig durch seine Werte auf den Quadratklassen bestimmt, es gilt für* $p \neq 2$ *folgende Wertetabelle (mit + für* 1, − *für −1):*

$p \equiv 1 \bmod 4$

(z *quadratischer Nichtrest* mod p)

	1	z	p	pz
1	+	+	+	+
z	+	+	−	−
p	+	−	+	−
pz	+	−	−	+

$p \equiv 3 \bmod 4$

	1	−1	p	−p
1	+	+	+	+
−1	+	+	−	−
p	+	−	−	+
−p	+	−	+	−

Beweis. Wir müssen nur noch die Tabellen verifizieren:

Sei $p \equiv 1 \bmod 4$: Wir wissen schon: $\left(\frac{z,p}{p}\right) = \left(\frac{z,pz}{p}\right) = -1$.

Da $\left(\frac{z-z}{p}\right) = 1$ ist, folgt $\left(\frac{z,z}{p}\right) = \left(\frac{z,-z}{p}\right)\left(\frac{z,-1}{p}\right) = 1 \cdot 1 = 1$, die zweite Zeile der ersten Tabelle ist nachgeprüft.

Es ist $\left(\frac{p,p}{p}\right) = \left(\frac{p,-p}{p}\right)\left(\frac{p,-1}{p}\right) = 1$, und $\left(\frac{p,pz}{p}\right) = \left(\frac{p,z}{p}\right)\left(\frac{p,p}{p}\right) = -1$, und schließlich $\left(\frac{pz,pz}{p}\right) = \left(\frac{p,pz}{p}\right)\left(\frac{z,pz}{p}\right) = (-1)(-1) = 1$, und die erste Tabelle ist bewiesen.

Sei $p \equiv 3 \bmod 4$. Es ist $\left(\frac{-p,-p}{p}\right) = \left(\frac{-p,p}{p}\right)\left(\frac{-p,-1}{p}\right) = 1 \cdot (-1) = -1$.

Deshalb ist $\left(\frac{-1,-1}{p}\right) = \left(\frac{-1,p}{p}\right)\left(\frac{-1,-p}{p}\right) = -1 \cdot -1 = 1$, also ist die zweite Zeile richtig.

Wegen $\left(\frac{p,p}{p}\right) = \left(\frac{p,-p}{p}\right)\left(\frac{p,-1}{p}\right) = 1 \cdot (-1) = -1$ ist die dritte Zeile richtig, und, wie wir oben schon gesehen haben, ist wegen $\left(\frac{-p,-p}{p}\right) = -1$ auch die letzte Zeile richtig.□

Für $p = 2$ gilt die folgende Wertetabelle für $\left(\frac{a,b}{2}\right)$

	1	3	5	7
1	+	+	+	+
3	+	−	+	−
5	+	+	+	+
7	+	−	+	− .

Übungsaufgaben

1. Stelle die vollständige Wertetabelle für $\left(\frac{a,b}{2}\right)$ auf und zeige, daß für $a \in \mathbb{Q}_2^\times$ gilt: $N_a = \mathbb{Q}_2^\times$ genau dann, wenn $a \in \mathbb{Q}_2^{\times 2}$, und sonst: $\mathbb{Q}_2^\times / N_a = \mathbb{Z}/2$.

2. Bestimme die $a \in \mathbb{Q}_5^\times$, für die es $x, y \in \mathbb{Q}_5^\times$ mit $2x^2 + 5y^2 = a$ gibt.

§ 5 Summen von Quadraten in $\mathbb{Q}_p$

Definition. Sei K ein Körper. $x \in K$ ist Summe von n Quadraten, falls es $x_1, \dots, x_n \in K$ gibt mit $x = x_1^2 + \dots + x_n^2$.

Satz 5.1.

i) *Sei* $p \neq 2$. *Jedes* $a \in \mathbb{Z}_p^\times$ *ist Summe von zwei Quadraten. Falls* $p \equiv 1 \bmod 4$ *ist, ist jedes* $a \in \mathbb{Q}_p$ *Summe von zwei Quadraten. Falls* $p \equiv 3 \bmod 4$ *ist, ist jedes* $a \in \mathbb{Q}_p$ *Summe von drei Quadraten, und* p *ist nicht Summe von zwei Quadraten.*
ii) *Sei* $p = 2$. $a \in \mathbb{Z}_2^\times$ *ist Summe von zwei Quadraten, wenn* $a \equiv 1, 5 \bmod 8\mathbb{Z}_2$ *ist, von drei Quadraten, wenn* $a \equiv 3 \bmod 8\mathbb{Z}_2$ *ist, und von* 4 *Quadraten, falls* $a \equiv 7 \bmod 8\mathbb{Z}_2$ *ist. Jedes* $a \in \mathbb{Q}_2$ *ist Summe von* 4 *Quadraten.*

Beweis. Wir können o. E. annehmen, daß $a \neq 0$ ist.
i) Sei $p \equiv 1 \bmod 4$, dann ist $-1 \in \mathbb{Q}_p^{\times 2}$, also ist für alle $a \in \mathbb{Q}_p^\times$: $\left(\frac{a,-1}{p}\right) = 1$, also: $a = x^2 + y^2$ mit geeignetem $x, y \in \mathbb{Q}_p$.
Sei $p \equiv 3 \bmod 4$. Falls $a \in \mathbb{Z}_p^\times$ ist, folgt aus Satz 4.5: $\left(\frac{a,-1}{p}\right) = 1$, also wieder: a ist Summe zweier Quadrate.
Wegen $\left(\frac{p,-1}{p}\right) = -1$ ist p nicht Summe zweier Quadrate, aber: $p = 1 + p - 1$, und da $p - 1 \in \mathbb{Z}_p^\times$, ist p Summe von 3 Quadraten.
Sei $a = a_0 \cdot p^{w_p(a)} \in \mathbb{Z}_p^\times$. Wegen $a = a_0 \cdot p^{w_p(a)} - 1 + 1$ und $(a_0 \cdot p^{w_p(a)} - 1)$ oder $a \in \mathbb{Z}_p$ ist a Summe von 3 Quadraten.
Sei schließlich $a \in \mathbb{Q}_p$ beliebig. Dann ist $a = a' \in \mathbb{Z}_p$, und aus der Darstellbar-
2
keit von a' als Summe von drei Quadraten folgt die von a.

ii) Sei $p = 2$. Es ist $\left(\frac{a,-1}{2}\right) = 1$ für $a \equiv 1{,}5 \bmod 8\mathbb{Z}_2$. Für $a \equiv 3 \bmod 8\mathbb{Z}_2$ folgt: $a = 1 + 1 + a'$, $a' \equiv 1 \bmod 8\mathbb{Z}_2$, also $a' \in \mathbb{Q}_2^{\times 2}$.
(Wegen $\left(\frac{3,-1}{2}\right) = -1$ ist keine Darstellung mit zwei Quadraten möglich.)
Für $a \equiv 7 \bmod 8\mathbb{Z}_2$ ist $a = 4 + 1 + 1 + a'$, $a' \equiv 1 \bmod 8\mathbb{Z}_2$.
Sei $a = 2a_0$, $a_0 \in \mathbb{Z}_2^\times$. Falls $a_0 \equiv 1, 5 \bmod 8\mathbb{Z}_2$ ist, ist
2
$a = 2(x^2 + y^2) = x^2 + x^2 + y^2 + y^2$. Falls $a_0 \equiv 3 \bmod 8\mathbb{Z}_2$ ist, ist $2a_0 \equiv 6 \bmod 8\mathbb{Z}_2$; $2a_0 - 1 \equiv 5 \bmod 8\mathbb{Z}_2$, also: $2a_0 = 1 + x^2 + y^2$.
Falls $a_0 \equiv 7 \bmod 8\mathbb{Z}_2$ ist, ist ebenfalls $2a_0 \equiv 6 \bmod 8\mathbb{Z}_2$, also ist a wieder Summe von drei Quadraten. □

Korollar 5.2. -1 *ist Summe von Quadraten in* $\mathbb{Q}_p$, $\mathbb{Q}_p$ *kann nicht geordnet werden, insbesondere ist* $\mathbb{Q}_p$ *nicht isomorph zu* $\mathbb{R}$.

§ 6 Die Produktformel für die Hilbert-Symbole

Seien $a, b \in \mathbb{Q}^\times$. Dann haben wir für alle Primzahlen p das p-adische Hilbert-Symbol $\left(\frac{a,b}{p}\right)$ definiert. Sei

$$\left(\frac{a,b}{\infty}\right) := \begin{cases} 1\,, & \text{falls } b = x^2 - ay^2 \text{ mit } x, y \in \mathbb{R} \\ -1 & \text{sonst} \end{cases}$$

$\left(\frac{a,b}{\infty}\right)$ hat als Funktion auf $\mathbb{R}^\times/\mathbb{R}^{\times 2} \times \mathbb{R}^\times/\mathbb{R}^{\times 2}$ dieselben Eigenschaften wie die p-adischen Symbole.

Explizit: Falls $a > 0 \Rightarrow \left(\frac{a,b}{\infty}\right) = 1$ für alle $b \in \mathbb{R}$

Falls $a < 0 \Rightarrow \left(\frac{a,b}{\infty}\right) = -1$ für $b < 0$.

Damit haben wir für alle Lokalisierungen von $\mathbb{Q}$ (vgl. Kapitel III, § 6) ein *lokales Symbol* definiert. Diese Symbole sind nun nicht unabhängig voneinander; es gilt vielmehr eine *globale Relation,* die ein Spezialfall von tiefliegenden Eigenschaften der rationalen Zahlen ist:

Satz 6.1. *Es ist für* $a, b \in \mathbb{Q}^\times$

$$\prod_{p \in \mathbb{P}} \left(\frac{a,b}{p}\right) = \left(\frac{a,b}{\infty}\right).$$

Beweis. Zunächst hat $\prod_{p \in \mathbb{P}} \left(\frac{a,b}{p}\right)$ Sinn, da bis auf endlich viele Ausnahmeprimzahlen gilt: Es ist $p \neq 2$ und $a, b \in \mathbb{Z}_p^\times$, und damit (nach Tabelle) $\left(\frac{a,b}{p}\right) = 1$. Also muß das linksstehende Produkt nur über 2 und alle Primzahlen, die $a \cdot b$ teilen, genommen werden.

Sei

$$b = \epsilon \cdot \prod_{q|b} q^{w_q(b)}, \quad \epsilon = \pm 1\,.$$

Dann ist

$$\left(\frac{a,b}{p}\right) = \prod_{q|b} \left(\frac{a,q}{p}\right)^{w_q(b)} \cdot \left(\frac{a,\epsilon}{p}\right).$$

Falls wir also für alle Primzahlen q zeigen können, daß

$$\prod_p \left(\frac{a, q}{p}\right) = \left(\frac{a, q}{\infty}\right) \quad \text{und} \quad \prod_p \left(\frac{a, \epsilon}{p}\right) = \left(\frac{a, \epsilon}{\infty}\right)$$

ist, ist Satz 6.1 bewiesen.

Indem wir auf a dasselbe Argument anwenden, sieht man: Um Satz 6.1 zu beweisen, ist für Primzahlen q_1, q_2, q zu zeigen:

1. $\prod_p \left(\frac{q_1, q_2}{p}\right) = \left(\frac{q_1, q_2}{\infty}\right) = 1,$

2. $\prod_p \left(\frac{-1, -1}{p}\right) = \left(\frac{-1, -1}{\infty}\right) = -1,$

3. $\prod_p \left(\frac{q, -1}{p}\right) = \left(\frac{q, -1}{\infty}\right) = 1.$

Zu 2.: Wegen der Tabelle zu 4.5 muß man nur $p = 2$ betrachten, und da $\left(\frac{-1, -1}{2}\right) = -1$ ist, ist 2. gezeigt.

Zu 3.: $\prod_p \left(\frac{q, -1}{p}\right) = \left(\frac{q, -1}{q}\right)\left(\frac{q, -1}{2}\right)$ (falls $q \neq 2$).

Sei $q \equiv 1 \bmod 4$. Dann ist $\left(\frac{q, -1}{q}\right) = 1.$

Behauptung: $\left(\frac{q, -1}{2}\right) = 1.$

Denn sei $q \equiv 1 \bmod 8$, dann ist $q \in \mathbb{Q}_2^{\times 2}$. Sei $q \equiv 5 \bmod 8$. Dann ist wegen $5 = 4 + 1$ ebenfalls $q \in N_{-1}$. Also ist

$$\left(\frac{q, -1}{q}\right)\left(\frac{q, -1}{2}\right) = 1 = \left(\frac{q, -1}{\infty}\right).$$

Sei $q \equiv 3 \bmod 4$. Dieses Mal ist $\left(\frac{q, -1}{q}\right) = -1.$

Da aus der Wertetabelle für $\left(\frac{a, b}{2}\right)$ folgt: $\left(\frac{q, -1}{2}\right) = -1$, gilt also auch in diesem Fall 3.

Als letztes müssen wir $q = 2$ behandeln: $\left(\frac{2, -1}{2}\right) = 1$, da $2 = 1 + 1$ ist, also ist 3. als richtig erkannt.

Zu 1.: i) Sei $q_1 = q_2 = 2$. Wegen $\left(\frac{2, 2}{2}\right) = 1$ (da $2 = 4 - 2$) sind wir fertig.

ii) $q_1 = q_2 = q \neq 2$. Dann ist nach der Tabelle in Satz 4.5

$$\left(\frac{q, q}{q}\right) = \begin{cases} 1; & q \equiv 1 \bmod 4 \\ -1; & q \equiv 3 \bmod 4 \end{cases}.$$

Nach der Tabelle in der Übungsaufgabe auf Seite 79 ist aber auch $\left(\frac{q,q}{2}\right) = 1$, falls $q \equiv 1 \bmod 4$, und $\left(\frac{q,q}{2}\right) = -1$, falls $q \equiv 3 \bmod 4$, also sind wir fertig.

iii) Sei $q_1 \neq q_2$, $q_2 = 2$. Zu berechnen ist:

$$\left(\frac{q_1, 2}{q_1}\right) \left(\frac{q_1, 2}{2}\right).$$

Sei $q_1 \equiv \pm 1 \bmod 8$, dann ist $\left(\frac{q_1,2}{2}\right) = 1$, und, da 2 Quadrat in $\mathbb{Q}_{q_1}$ ist, ist auch $\left(\frac{q_1,2}{q_1}\right) = 1$.

Sei $q_1 \equiv 3{,}5 \bmod 8$. Dann ist $\left(\frac{q_1,2}{2}\right) = -1$, aber, wegen $\left(\frac{2}{q_1}\right) = -1$, ist auch $\left(\frac{q_1,2}{q_1}\right) = -1$, wieder ist das Produkt gleich 1.

iv) Seien $q_1 \neq q_2$, $2 \nmid q_1 \cdot q_2$. Aus der Tabelle des Satzes 4.5 und mit Hilfe des quadratischen Reziprozitätsgesetzes folgt:

$$\left(\frac{q_1, q_2}{q_1}\right)\left(\frac{q_1, q_2}{q_2}\right) = \left(\frac{q_2}{q_1}\right)\left(\frac{q_1}{q_2}\right) = (-1)^{\frac{q_1 - 1}{2} \cdot \frac{q_2 - 1}{2}} .$$

In der Wertetabelle für $\left(\frac{q_1, q_2}{2}\right)$ prüft man nach, daß

$$\left(\frac{q_1, q_2}{2}\right) = \begin{cases} 1, & \text{falls ein } q_i \equiv 1 \bmod 4 \\ -1 & \text{sonst} \end{cases};$$

also ist auch in diesem Fall

$$\left(\frac{q_1, q_2}{q_1}\right)\left(\frac{q_1, q_2}{q_2}\right)\left(\frac{q_1, q_2}{2}\right) = 1 = \left(\frac{q_1, q_2}{\infty}\right),$$

Satz 6.1 ist bewiesen. □

Bemerkung. Wir haben beim Beweis neben der expliziten Kenntnis der Hilbert-Symbole wesentlich das quadratische Reziprozitätsgesetz zusammen mit den Ergänzungssätzen benutzt. Man überlegt sich leicht (Übungsaufgabe), daß umgekehrt aus Satz 6.1 das quadratische Reziprozitätsgesetz folgt.

Kapitel V Quadratische Formen über $\mathbb{Q}$ und $\mathbb{Q}_p$

§ 1 Allgemeine Theorie quadratischer Formen

Nachdem wir im vierten Kapitel die Theorie der Quadrate in $\mathbb{Z}/p$ und $\mathbb{Q}_p$ behandelt und mit dem Hilbert-Symbol das Verhalten einer speziellen quadratischen Form untersucht haben, wollen wir nun eine Lokal-Global-Untersuchung aller quadratischer Formen über $\mathbb{Q}$ durchführen.

Zunächst müssen wir ganz kurz die benötigten Definitionen und Hilfssätze über quadratische Formen zusammenstellen. Für eine systematische Theorie der quadratischen Formen sei auf [11] verwiesen.

Sei K ein Körper mit $\mathrm{Char}(K) \neq 2$. Seien $a_1, \dots, a_n \in K^\times$. Dann heißt das Polynom in n Variablen

$$Q(a_1, \dots, a_n) = a_1 X_1^2 + a_2 X_2^2 + \dots + a_n X_n^2$$

eine *quadratische Form* über K.

Beispiel. Jede quadratische Form über $\mathbb{Q}$ ist eine solche über $\mathbb{Q}_p$ (für alle p) und $\mathbb{R}$.

Definition. $b \in K$ wird von $Q(a_1, \dots, a_n)$ dargestellt, falls es $x_i \in K$ gibt mit $b = \sum_{i=1}^{n} a_i x_i^2$ und falls nicht alle x_i gleich 0 sind. Falls 0 von $Q(a_1, \dots, a_n)$ dargestellt wird, dann heißt Q *isotrop*, sonst heißt Q *anisotrop*.

Beispiel. $x^2 - ay^2$ $(a \in \mathbb{Q}^\times)$ ist eine quadratische Form über $\mathbb{Q}$. Über $\mathbb{Q}_p$ ist N_a gerade die Menge der dargestellten Elemente $\neq 0$.

Bemerkung. Falls $a_i \underset{2}{=} b_i$ ist, ist $Q(a_1, \dots, a_n)$ isotrop genau dann, wenn $Q(b_1, \dots, b_n)$ isotrop ist.

Lemma 1.1. *Sei* $Q(a_1, \dots, a_n)$ *isotrop. Dann wird jedes* $b \in K$ *von* $Q(a_1, \dots, a_n)$ *dargestellt.*

Beweis. Sei $0 = a_1 x_1^2 + \dots + a_n x_n^2$ mit (etwa) $x_1 \neq 0$. Sei $b \in K$. Für $t \in K$ seien $y_1 := x_1(1+t)$, $y_j := x_j(1-t)$ $(j \geq 2)$. Dann ist

$$\begin{aligned} a_1 y_1^2 + \dots + a_n y_n^2 &= a_1 y_1^2 - a_1 x_1^2(1-t)^2 + a_1 x_1^2(1-t)^2 + \dots + a_n x_n^2(1-t)^2 \\ &= a_1(x_1^2(1+t)^2 - x_1^2(1-t)^2) = 4a_1 x_1^2 \cdot t. \end{aligned}$$

Setze $t = \dfrac{b}{4a_1 x_1^2}$, so gilt:

$$a_1 y_1^2 + \dots + a_n y_n^2 = b. \square$$

Lemma 1.2. *Sei* $\# K^\times \geq 6$. *Sei* $Q(a_1, \ldots, a_n)$ *isotrop. Dann gibt es* $y_1, \ldots y_n$ *mit* $\prod_{i=1}^{n} y_i \neq 0$ *und* $a_1 y_1^2 + \ldots + a_n y_n^2 = 0$.

Beweis. Sei $a_1 x_1^2 + \ldots + a_n x_n^2 = 0$ und (o.E.) $x_1, \ldots, x_r \neq 0, x_{r+1} = \ldots = x_n = 0$. Dabei ist $r \geq 1$. Dann ist notwendigerweise $r \geq 2$. Sei $r < n$. Falls wir $\alpha, \beta \neq 0$ finden mit

$$a_r x_r^2 = a_r \alpha^2 + a_{r+1} \beta^2 ,$$

können wir das Lemma durch Induktion beweisen.
Wegen $((t-1)/(t+1))^2 + 4t/(t+1)^2 = 1$ für $t \in K \backslash \{-1_K\}$ ist

$$a_r \left(x_r \frac{(t-1)}{(t+1)}\right)^2 + a_r t \left(\frac{2x_r}{t+1}\right)^2 = a_r x_r^2 .$$

Wir wählen nun $t = (a_{r+1}) \cdot t'^2 / a_r$ mit $t' \in K^\times$ geeignet, so daß $t \neq \pm 1$ ist (das geht, da $K^\times$ mehr als vier Elemente besitzt), und haben

$$a_r \left(x_r \frac{(t-1)}{(t+1)}\right)^2 + a_{r+1} \left(\frac{2x_r \cdot t'}{t+1}\right)^2 = a_r x_r^2.$$

Wähle $\alpha = x_r(t-1)/(t+1)$, $\beta = 2x_r \cdot t'/(t+1)$.□

§ 2 Isotropie von quadratischen Formen über $\mathbb{Q}_p$

Seien $a_1, \ldots, a_n \in \mathbb{Q}_p^\times$.

Proposition 2.1. *Seien* $a_1, a_2, a_3 \in \mathbb{Z}_p^\times$, $p \neq 2$, $n \geq 3$. *Dann ist* $Q(a_1, a_2, a_3, \ldots, a_n)$ *isotrop.*

Beweis. Wir zeigen: Es gibt $x_1, x_2 \in \mathbb{Z}_p$ mit $a_1 x_1^2 + a_2 x_2^2 = -a_3$ (dann ist $a_1 x_1^2 + a_2 x_2^2 + a_3 \cdot 1^2 + \ldots + a_n \cdot 0^2 = 0$), und dazu genügt es, für beliebige $a_1, a_2 \in \mathbb{Z}_p^\times$ zu zeigen, daß es x_1, x_2 mit $a_1 x_1^2 + a_2 x_2^2 = 1$ gibt.
Sei (etwa) a_1 ein Quadrat. Dann setze $x_2 = 0$, x_1 so, daß $x_1^2 = a_1^{-1}$. Seien a_1 und a_2 keine Quadrate in $\mathbb{Q}_p$. Dann ist $a_1 \underset{2}{=} a_2$, und da es offensichtlich nur auf die Quadratklassen der a_1, a_2 ankommt, können wir $a_1 = a_2$ setzen.

Suche $x_1, x_2 \in \mathbb{Z}_p^\times$ mit $x_1^2 + x_2^2 = a_1^{-1}$. Da $a_1^{-1} \in \mathbb{Z}_p^\times$ ist, gibt es nach Satz 5.1 aus Kapitel IV solche Elemente, und die Proposition ist bewiesen. □

Korollar 2.2. *Für alle* p *ist* $Q(a_1, \ldots, a_n)$ *isotrop, falls* $n \geq 5$ *ist.*

Beweis. 1. Sei $p \neq 2$. Seien mindestens drei der Werte $w_p(a_i)$ gerade, etwa $w_p(a_1) \equiv w_p(a_2) \equiv w_p(a_3) \equiv 0 \bmod 2$. Dann ist $a_i \underset{2}{=} a_i^0 \in \mathbb{Z}_p^\times$, und da da $Q(a_1^0, a_2^0, a_3^0)$ isotrop ist, ist auch $Q(a_1, \ldots, a_n)$ isotrop. Seien weniger als drei der Zahlen $w_p(a_i)$ gerade. Dann sind mindestens drei dieser Zahlen ungerade: O. E. sei

$$w_p(a_1) \equiv w_p(a_2) \equiv w_p(a_3) \equiv 1 \bmod 2.$$

Dann ist $p \cdot a_i \underset{2}{=} a_i^0 \in \mathbb{Z}_p^\times$, und aus

$$a_1^0 x_1^2 + a_2^0 x_2^2 + a_3^0 x_3^2 = 0$$

folgt:

$$p^{-1}(a_1^0 x_1^2 + a_2^0 x_2^2 + a_3^0 x_3^2) = 0\,,$$

und wir sind fertig.

2. Sei $p = 2$. Indem wir notfalls mit 2 multiplizieren, zu Quadratklassen übergehen und umnumerieren, können wir annehmen, daß $a_1, a_2, a_3 \in \mathbb{Z}_2^\times$ und entweder alle $a_i \in \mathbb{Z}_2^\times$ sind, oder $a_n = 2 \cdot a_n'$ mit $a_n' \in \mathbb{Z}_2^\times$ ist.

Im ersten Fall betrachten wir $a_1 X_1^2 + \ldots + a_5 X_5^2$. Durch geeignetes Numerieren können wir erreichen: $a_1 + a_2 + a_3 + a_4 = 4\gamma$ mit $\gamma \in \mathbb{Z}_2$.

Wähle $x_1 = x_2 = x_3 = x_4 = 1$, $x_5 = 2\gamma$. Dann ist $a_1 x_1^2 + \ldots + a_5 x_5^2 \in 8\,\mathbb{Z}_2$.

Betrachte das Polynom

$$f(X_1) = a_1 X_1^2 + a_2 x_2^2 + \ldots + a_5 x_5^2 \in \mathbb{Z}_2[X_1],$$

und wende darauf Newtons Lemma (mit der Näherungslösung $x_1 = 1$) an, um eine nichttriviale Darstellung von 0 durch $Q(a_1, \ldots, a_n)$ zu erhalten.

Im zweiten Fall betrachten wir

$$a_1 X_1^2 + a_2 X_2^2 + a_3 X_3^2 + 2a_n' X_n^2.$$

Sei $a_1 + a_2 = 2\alpha$. Setze $x_n = \alpha$.

Sei $2\alpha + 2a_n'\alpha^2 = 4\beta, \beta \in \mathbb{Z}_2$. Setze $x_3 = 2\beta$. Dann ist

$$a_1 + a_2 + 4\beta^2 a_3 + 2a_n'\alpha^2 \in 8\,\mathbb{Z}_2\,,$$

und wie oben folgt die Isotropie. □

Korollar 2.3. *Sei* $n \geq 4$; $a, a_1, \ldots, a_n \in \mathbb{Q}_p^\times$. *Dann gibt es* $x_1, \ldots, x_n \in \mathbb{Q}_p$ *mit*

$$a = \Sigma\, a_i x_i^2.$$

Beweis. Die quadratische Form $Q(-a, a_1, \ldots, a_n)$ ist isotrop. Nach Lemma 1.2 gibt es $y, y_1, \ldots, y_n$ mit $y \neq 0$ und $ay^2 = a_1 y_1^2 + \ldots + a_n y_n^2$. Setze $x_i = y_i/y$. □

Bemerkung. Quadratische Formen über $\mathbb{R}$ lassen sich immer auf die Form

$$Q(x_1, \ldots, x_n) = x_1^2 + \ldots + x_r^2 - (x_{r+1}^2 + \ldots + x_n^2) \quad (0 \leq r \leq n)$$

bringen, es ist Q isotrop genau dann, wenn $0 < r < n$ ist, d. h. wenn Q indefinit ist.

Übungsaufgabe

Betrachte die quadratische Form

$$X_1^2 + X_2^2 + X_3^2 + 1623 X_4^2 + 22 X_5^2$$

und berechne mit einer Genauigkeit von 6 Stellen

$$x_1, x_2, x_3, x_4, x_5 \in \mathbb{Q}_2 \quad \text{und} \quad x_2 \in \mathbb{Z}_2^\times,$$

so daß

$$x_1^2 + x_2^2 + x_3^2 + 1623 x_4^2 + 22 x_5^2 = 0$$

ist.

§ 3 Lokal-Global-Prinzip für quadratische Formen

Wir betrachten jetzt quadratische Formen über $\mathbb{Q}$. Wir wollen einfache Kriterien für die Isotropie dieser Formen. Über den reellen Zahlen gilt bekanntlich: Eine quadratische Form ist isotrop genau dann, wenn sie indefinit ist.

Für $\mathbb{Q}_p$ haben wir im letzten Paragraphen gesehen, daß auch verhältnismäßig einfach festzustellen ist, wann eine quadratische Form isotrop ist. Das sogenannte „Hasse-Prinzip" für quadratische Formen besagt nun, daß, wenn wir für eine quadratische Form über $\mathbb{Q}$ die „lokalen Daten" sammeln, d. h., wenn wir diese Form über $\mathbb{R}$ und allen $\mathbb{Q}_p$ untersuchen, wir dann die „globale Aussage", d. h. das Verhalten der Form über $\mathbb{Q}$, ablesen können. Bei dem Beweis dieses Hasse-Prinzips halten wir uns eng an [4].

Wir beginnen mit wenigen Variablen. Der erste interessante Fall ist $n = 2$.

Lemma 3.1. $a_1 X_1^2 + a_2 X_2^2$ *ist über* $\mathbb{Q}$ *isotrop genau dann, wenn* $a_1 X_1^2 + a_2 X_2^2$ *über* $\mathbb{R}$ *und allen* $\mathbb{Q}_p$ *isotrop ist.*

Beweis. Sei K ein Körper der Charakteristik $\neq 2$ und seien $a_1, a_2 \in K^\times$.

Die Form

$$a_1 X_1^2 + a_2 X_2^2$$

ist über K isotrop genau dann, wenn

$$-\frac{a_1}{a_2} \in K^{\times 2}.$$

Nehmen wir für K den Körper $\mathbb{Q}$ bzw. die reellen Zahlen und die p-adischen Körper, so besagt Lemma 3.1: Ein Element $a \in \mathbb{Q}$ ist Quadrat in $\mathbb{Q}$ genau dann, wenn es positiv ist und in allen p-adischen Körpern $\mathbb{Q}_p$ Quadrat ist.

Diese Aussage folgt aber sofort aus der Darstellung von positiven rationalen Zahlen als Produkte von Primzahlpotenzen. □

Komplizierter wird die Sache, falls $n = 3$ ist.

Lemma 3.2. $a_1X_1^2 + a_2X_2^2 + a_3X_3^2$ *ist über* $\mathbb{Q}$ *isotrop genau dann, wenn diese Form über* $\mathbb{R}$ *und über* $\mathbb{Q}_p$ *(für alle* p*) isotrop ist.*

Beweis. Wir zeigen nur die nichttriviale Richtung.
Da $a_1X_1^2 + a_2X_2^2 + a_3X_3^2$ über $\mathbb{R}$ indefinit ist, können nicht alle a_i das selbe Vorzeichen haben. O. E.: $a_1 > 0$, $a_2 > 0$, $a_3 < 0$, außerdem können wir a_1, a_2, a_3 als relativ prime und quadratfreie Elemente in $\mathbb{Z}$ annehmen (d. h. $\mathrm{ggT}(a_i, a_j) = 1$ für $i \neq j$ und $0 \leq w_p(a_i) \leq 1$ für alle p). Dies alles können wir folgendermaßen ausdrücken: Wir betrachten

$$aX^2 + bY^2 - cZ^2 = Q(a, b, -c),\ a, b, c \in \mathbb{N},\ 0 \leq w_p \begin{Bmatrix} a \\ b \\ c \end{Bmatrix} \leq 1,$$

und suchen nichttriviale Nullstellen dieses Polynoms.
Sei $p \neq 2$, $w_p(c) = 1$. Da $Q(a, b, -c)$ isotrop ist über $\mathbb{Q}_p$ und $\mathbb{Z} \subset \mathbb{Z}_p$ dicht liegt, gibt es $x_0, y_0 \in \mathbb{Z}$ mit

$$ax_0^2 + by_0^2 \equiv 0 \bmod p$$

und (etwa) $y_0 \not\equiv 0 \bmod p$.
Es folgt:

$$ay_0^{-2}(y_0X + x_0Y)(y_0X - x_0Y) \equiv ay_0^{-2}(y_0^2X^2 - x_0^2Y^2) \equiv aX^2 + bY^2 \bmod p$$

(wobei wir bei Polynomen die Kongruenz mod p koeffizientenweise verstehen), also:

$$aX^2 + bY^2 - cZ^2 \equiv L^{(p)}(X, Y, Z) \cdot M^{(p)}(X, Y, Z) \bmod p,$$

wobei $L^{(p)}$ und $M^{(p)} \in \mathbb{Z}[X, Y, Z]$ und *linear* sind.

Analoge Betrachtungen kann man für die Teiler von a und b durchführen, und für $p = 2$ gilt immer

$$aX^2 + bY^2 - cZ^2 \equiv (aX - bY - cZ)^2 \bmod 2.$$

Da wir insgesamt nur endlich viele Primteiler von $2 \cdot a \cdot b \cdot c$ zu berücksichtigen haben, können wir den Chinesischen Restsatz (koeffizientenweise auf Polynome angewandt) ausnützen: Es gibt lineare Polynome $L, M \in \mathbb{Z}[X, Y, Z]$, so daß

$$aX^2 + bY^2 - cZ^2 \equiv L(X, Y, Z) \cdot M(X, Y, Z) \bmod abc$$

ist.

Sonderfall: Sei $a = b = c = 1$. Dann ist nach Lemma 3.1 schon $Y^2 - Z^2$ isotrop, wir sind fertig. Falls dieser Sonderfall nicht vorliegt (und das wollen wir im Folgenden immer annehmen), ist mindestens eine der Zahlen $\sqrt{ac}$, $\sqrt{bc}$, $\sqrt{ab}$ nicht in $\mathbb{Z}$, und daher ist die Anzahl der Punkte mit ganzen Koordinaten im Quader

$$\{(x, y, z) \in \mathbb{R}^3;\ 0 \leq x < \sqrt{bc},\ 0 \leq y < \sqrt{ac},\ 0 \leq z < \sqrt{ab}\} = W$$

größer als der Inhalt $abc = \#(\mathbb{Z}/abc)$ des Quaders. Es gibt also verschiedene (x_1, y_1, z_1) und $(x_2, y_2, z_2) \in W$, so daß

$$L(x_1, y_1, z_1) \equiv L(x_2, y_2, z_2) \bmod abc$$

ist, oder mit $x_0 = x_1 - x_2, y_0 = y_1 - y_2, z_0 = z_1 - z_2$:

$$L(x_0, y_0, z_0) \equiv 0 \bmod abc.$$

Da $|x_0| < \sqrt{bc}$, $|y_0| < \sqrt{ac}$, $|z_0| < \sqrt{ab}$ ist, ist

$$ax_0^2 + by_0^2 - cz_0^2 = \lambda \cdot abc, \quad \text{und}$$

$$-abc < ax_0^2 + by_0^2 - cz_0^2 < 2abc.$$

Das heißt:

$$\lambda = 0 \quad \text{oder} \quad \lambda = 1.$$

Im ersten Fall sind wir fertig (da mindestens ein Element von $\{x_0, y_0, z_0\}$ ungleich 0 ist).
Wir sind deshalb insgesamt fertig, falls wir folgenden Hilfssatz bewiesen haben.

Hilfssatz 3.3. *Falls es* $x_0, y_0, z_0 \subset \mathbb{Z}$ *gibt mit* $ax_0^2 + by_0^2 - cz_0^2 = abc$, *dann findet man auch nichttriviale Lösungen von* $aX^2 + bY^2 - cZ^2 = 0$ *in* $\mathbb{Q}$.

Beweis.

1. Methode: Setze $x = x_0z_0 + by_0, y = y_0z_0 - ax_0, z = z_0^2 + ab$.
2. Methode (Struktureller Beweis): Falls $b \cdot c$ ein Quadrat ist, ist die Form $Y^2 - c/b\, Z^2$ isotrop, wir sind also fertig.

Sei $b \cdot c$ kein Quadrat. Dann gilt: $aX^2 + bY^2 - cZ^2$ ist isotrop genau dann, wenn es $y_1, z_1 \in \mathbb{Q}$ gibt mit $ac = z_1^2 - bcy_1^2$.
Falls nun $ax_0^2 + by_0^2 - cz_0^2 = abc$ ist, ist

$$acx_0^2 + bcy_0^2 - (cz_0)^2 = abc^2, \quad \text{oder}$$

$$ac(x_0^2 - bc) = (cz_0)^2 - bcy_0^2$$

Also wird $ac(x_0^2 - bc)$ von der Form $(Z_1^2 - bcZ_2^2)$ dargestellt, ebenso aber auch $x_0^2 - bc$. Da man sich leicht überlegt, daß die Menge der dargestellten Elemente dieser Form eine Untergruppe von $\mathbb{Q}^\times$ ist, folgt der Hilfssatz (vgl. Lemma 4.2i aus Kapitel IV).□

Bemerkung. Falls $d \in \mathbb{Q}$ kein Quadrat ist, kann

$$\{x \in \mathbb{Q};\ x = z_1^2 - dz_2^2\}$$

folgendermaßen gedeutet werden: Sei

$$\mathbb{Q}(\sqrt{d}) = \{z_1 + z_2\sqrt{d}; z_1, z_2 \in \mathbb{Q}\} \subset \mathbb{C}.$$

Dann ist $\mathbb{Q}(\sqrt{d})$ ein Oberkörper von $\mathbb{Q}$, der (als $\mathbb{Q}$-Vektorraum) die Dimension 2 hat. Eine Basis ist $\{1, \sqrt{d}\}$. $\mathbb{Q}(\sqrt{d})$ heißt quadratischer Erweiterungskörper von $\mathbb{Q}$. Die Abbildung

$$\sigma\colon \mathbb{Q}(\sqrt{d}) \to \mathbb{Q}(\sqrt{d}),$$

die $z_1 + z_2\sqrt{d}$ abbildet auf $z_1 - z_2\sqrt{d}$, ist ein Körperautomorphismus, der $\mathbb{Q}$ elementweise festläßt (vgl. Kapitel VI, § 1).

Definition. Die *Norm* von $z = z_1 + z_2\sqrt{d}$ ist $N_d(z) := z \cdot \sigma z = z_1^2 - dz_2^2$.
Es ist N_d ein Homomorphismus von $\mathbb{Q}(\sqrt{d})^\times$ in $\mathbb{Q}^\times$. Sei $\mathfrak{N}_d = \mathrm{Bild}(N_d)$.
Dann ist $\mathfrak{N}_d$ eine Untergruppe von $\mathbb{Q}^\times$. Wählen wir speziell $d = b \cdot c$, so sieht man, daß

$$\mathfrak{N}_{b \cdot c} = \{x \in \mathbb{Q}^\times ; x \text{ wird von der Form } Z_1^2 \quad bcZ_2^2 \text{ dargestellt}\}.$$

Daraus folgt direkt, daß diese Menge eine Untergruppe von $\mathbb{Q}^\times$ ist.
„Lokalisieren" wir die eben gemachten Überlegungen.
Sei $d \in \mathbb{Q}^\times$. Zunächst betrachten wir den Körper der reellen Zahlen $\mathbb{R}$.

Falls $d \notin \mathbb{R}^{\times 2}$ (d. h. $d < 0$), so ist

$$\mathbb{C} = \mathbb{R}(\sqrt{d}) := \{r_1 + r_2\sqrt{d};\ r_i \in \mathbb{R}\}$$

der Körper der komplexen Zahlen, der über $\mathbb{R}$ die Dimension 2 hat.
Sei für $z = r_1 + r_2\sqrt{d}$:

$$\sigma_{\mathbb{C}}(z) = r_1 - r_2\sqrt{d}, \quad N_{\mathbb{C}}(z) = z \cdot \sigma_{\mathbb{C}} z = r_1^2 - dr_2^2.$$

Dann ist $\sigma_{\mathbb{C}}$ die übliche Konjugation in $\mathbb{C}$, und

$$\mathfrak{N}_{\mathbb{C}} = \{r \in \mathbb{R};\ r = N_{\mathbb{C}}(z) \ \text{ mit } \ z \in \mathbb{C}^\times\} \subset \mathbb{R}^\times$$

besteht gerade aus den positiven reellen Zahlen. Das Bild der komplexen Normabbildung ist also gerade gleich der Elemente r aus $\mathbb{R}$, für die das Hilbert-Symbol $\left(\frac{r, d}{\infty}\right) = 1$ ist.
Falls $d > 0$ ist, liegt $\sqrt{d}$ in $\mathbb{R}$, also $\mathbb{R}(\sqrt{d}) = \mathbb{R}$. Die Normabbildung von $\mathbb{R}$ in $\mathbb{R}$ wird dann als die identische Abbildung definiert, d.h. jedes Element aus $\mathbb{R}$ ist „Norm"; dies spiegelt sich in der Tatsache wider, daß für alle $r \in \mathbb{R}^\times$ das Hilbert-Symbol $\left(\frac{r, d}{\infty}\right) = 1$ ist.
Gehen wir zu den p-adischen Komplettierungen $\mathbb{Q}_p$ und betrachten wir die Gleichung $X^2 - d$ über $\mathbb{Q}_p$.
Falls diese Gleichung eine Nullstelle in $\mathbb{Q}_p$ (d.h. $d \in \mathbb{Q}_p^{\times 2}$) besitzt, setzen wir wieder $\mathbb{Q}_p(\sqrt{d}) = \mathbb{Q}_p$ und die Normabbildung gleich der Identität auf $\mathbb{Q}_p$. Das Hilbert-Symbol hat in diesem Fall die Eigenschaft: Für alle $x \in \mathbb{Q}_p^\times$ ist $\left(\frac{x, d}{p}\right) = 1$.

Sei $d \notin \mathbb{Q}_p^{\times 2}$. Die Algebra lehrt, daß es einen Erweiterungskörper L von $\mathbb{Q}_p$ gibt, in dem die Gleichung $X^2 - d$ eine (und damit beide) Nullstellen besitzt. Sei $\sqrt{d}$ eine dieser Nullstellen,

$$\mathbb{Q}_p(\sqrt{d}) := \{z_1 + z_2\sqrt{d};\ z_i \in \mathbb{Q}_p\} \subset L.$$

Dann ist dies (ganz analog wie im Fall der rationalen Zahlen) ein Erweiterungskörper von $\mathbb{Q}_p$, der einen nichttrivialen Automorphismus σ_p besitzt mit

$$\sigma_p(z_1 + z_2\sqrt{d}) := z_1 - z_2\sqrt{d}.$$

Sei

$$N_{p,d}: z_1 + z_2\sqrt{d} \to (z_1 + z_2\sqrt{d})\sigma_p(z_1 + z_2\sqrt{d}) = z_1^2 - dz_2^2,$$

so ergibt $N_{p,d}$ einen Homomorphismus von $\mathbb{Q}_p(\sqrt{d})^\times$ in $\mathbb{Q}_p^\times$, dessen Bild $\mathfrak{N}_{p,d}$ gerade aus den Elementen aus $x \in \mathbb{Q}_p^\times$ besteht, für die das Hilbert-Symbol $\left(\frac{x,d}{p}\right) = 1$ ist.

Wir können zusammenfassen und den Hilbert-Symbolen eine neue Interpretation geben: Für $d \in \mathbb{Q}_p^\times$ und $x \in \mathbb{Q}_p^\times$ ist x ein Bild der Normabbildung $N_{p,d}$ des Körpers $\mathbb{Q}_p(\sqrt{d})$ in $\mathbb{Q}_p^\times$ genau dann, wenn $\left(\frac{x,d}{p}\right) = 1$ ist. Entsprechendes gilt für x und d aus $\mathbb{R}^\times$. Deshalb heißen die Hilbert-Symbole auch „lokale quadratische Norm-Rest-Symbole".

Betrachten wir von diesem Gesichtspunkt aus Lemma 3.2, so folgt leicht der

Satz 3.4 (Normsatz von Hasse im einfachsten Fall). *Ein Element* $x \in \mathbb{Q}^\times$ *ist Norm eines Elementes* $z \in \mathbb{Q}(\sqrt{d})$ *genau dann, wenn lokal (d. h. in* $\mathbb{R}$ *und allen* $\mathbb{Q}_p$*) dies so ist.*

Eine interessante Anwendung dieser Interpretation ist:

Korollar 3.5. *Sei* $a_1X_1^2 + a_2X_2^2 + a_3X_3^2$ *eine quadratische Form über* $\mathbb{Q}$*, sei* q *eine Primzahl. Dann ist diese Form isotrop genau dann, wenn sie als Form über* $\mathbb{R}$ *und über* $\mathbb{Q}_p$ *für alle Primzahlen* $p \neq q$ *isotrop ist.*

Beweis. Wir werden wieder auf die Untersuchung von $aX^2 + bY^2 - cZ^2$ geführt in dem Fall, daß $b \cdot c$ kein Quadrat ist. Dann ist ac im Bild der Normabbildung von $\mathbb{Q}(\sqrt{bc})$, falls dies überall lokal so ist (Satz 3.4). Die Produktformel für das Hilbert-Symbol besagt aber, daß es ausreicht, dies in $\mathbb{R}$ und in allen p mit $p \neq q$ zu fordern. □

Lemma 3.6. *Das Lokal-Global-Prinzip ist auch für* $n = 4$ *richtig.*

Beweis. Sei $Q(a_1, \dots, a_4) = a_1X_1^2 + a_2X_2^2 + a_3X_3^2 + a_4X_4^2$ mit $a_i \in \mathbb{Z}$, quadratfrei, $a_1 > 0$, $a_4 < 0$, und für alle p sei $Q(a_1, \dots, a_4)$ isotrop über $\mathbb{Q}_p$. Wir setzen $g(X_1, X_2) := a_1X_1^2 + a_2X_2^2$; $h(X_3, X_4) := -a_3X_3^3 - a_4X_4^2$. Seien $\xi_1, \dots, \xi_4$ in $\mathbb{Q}_p$, so daß alle $\xi_i \neq 0$ sind und $g(\xi_1, \xi_2) - h(\xi_3, \xi_4) = 0$ ist. (Dies geht nach Lemma 1.2.) Sei $\beta_p := g(\xi_1, \xi_2)$. Falls $\beta_p = 0$ ist, ist $g(X_1, X_2)$ isotrop (über $\mathbb{Q}_p$); nach Lemma 1.1 stellen $g(X_1, X_2)$ und $h(X_3, X_4)$ dann jedes $\alpha_p \in \mathbb{Q}_p$ dar, z.B.: $\alpha_p = 1$. Falls $\beta_p \neq 0$ ist, können wir auch ein $\alpha_p \in \mathbb{Z}$ mit

$0 \leq w_p(\alpha_p) \leq 1$ durch geeignete $x_i \in \mathbb{Q}_p$ mit g und h darstellen. Seien $p_1, \ldots, p_s$ alle verschiedene Primteiler von $\prod_{i=1}^{4} a_i$ und sei $a \in \mathbb{Z}$ mit

$$a \equiv \alpha_2 \bmod 16$$
$$a \equiv \alpha_{p_i} \bmod p_i^2 \quad (i = 1, \ldots, s).$$

Wegen $a/\alpha_{p_i} \equiv 1 \bmod p_i$ (bzw. $a/\alpha_2 \equiv 1 \bmod 8$) folgt: $-aX_0^2 + g(X_1, X_2)$ und $-aX_0^2 + h(X_3, X_4)$ sind isotrop in $\mathbb{Q}_p$ für $p = 2, p_1, \ldots, p_s$.
Wir können noch $a > 0$ wählen (da a nur mod $16 \cdot p_1^2 \ldots p_s^2$ bestimmt ist) und erhalten dann: $-aX_0^2 + g(X_1, X_2)$ ist isotrop in $\mathbb{R}$, ebenso $-aX_0^2 + h(X_3, X_4)$.
Falls $p \nmid a, p \neq 2, p_1, \ldots, p_s$, so haben $-aX_0^2 + g(X_1, X_2)$ und $-aX_0^2 + h(X_3, X_4)$ mindestens drei Koeffizienten, die in $\mathbb{Z}_p^\times$ liegen, also sind auch für diese p nach Proposition 2.1 die Formen $-aX_0^2 + g(X_1, X_2)$ und $-aX_0^2 + h(X_1, X_2)$ in $\mathbb{Q}_p$ isotrop.
Um weiterzukommen, brauchen wir nun ein starkes Hilfsmittel, das wir mit „elementaren" Methoden hier nicht herleiten.

Satz 3.7 (Primzahlsatz von Dirichlet). *Sei* $n \in \mathbb{N}$, $\mathrm{ggT}(\nu, n) = 1$.
Dann gibt es unendlich viele Primzahlen in $\nu + (n)$.

Beweis. (mit analytischen Methoden) siehe **Anhang**.

Seien $m := 16 \cdot \prod_{i=1}^{s} p_i^2$, $d = \mathrm{ggT}(a, m)$. Dann sei q eine nach Satz 3.7 existierende Primzahl mit

$$\frac{a}{d} + k \cdot \frac{m}{d} = q \quad (k \in \mathbb{Z}).$$

Falls q groß genug ist, muß k sogar in $\mathbb{N}$ sein, dies wollen wir in Zukunft annehmen.
Setze $a^* := a + k \cdot m$. Dann ist $a^* > 0$, und $a^* \equiv a_{p_i} \bmod p_i^2$, $a^* \equiv a_2 \bmod 16$, und $w_p(a^*) = 0$ für $p \neq q, 2, p_1, \ldots, p_s$. Das heißt: $-a^*X_0^2 + g(X_1, X_2)$ ist ebenso wie $-a^*X_0^2 + h(X_3, X_4)$ isotrop über $\mathbb{R}$ und über allen $\mathbb{Q}_p$ $(p \neq q)$, nach Korollar 3.5 also auch über $\mathbb{Q}$. Aus Lemma 1.2 folgt: Es gibt $x_1, x_2, x_3, x_4 \in \mathbb{Q}$ mit $a_1 x_1^2 + a_2 x_2^2 = a^* = -a_3 x_3^2 - a_4 x_4^2$, und daher ist $a_1 X_1^2 + a_2 X_2^2 + a_3 X_3^2 + a_4 X_4^2$ isotrop über $\mathbb{Q}$.□
Wir haben nun für $n = 2, 3, 4$ gezeigt, daß ein Lokal-Global-Prinzip für quadratische Formen gilt. Dabei haben sich in jedem Fall spezielle zahlentheoretische Gründe für die Richtigkeit dieses Prinzips als entscheidend erwiesen. Für $n \geq 5$ ist die Situation einfacher. Wegen Korollar 2.2 ist zunächst $Q(a_1, \ldots, a_n)$ mit $n \geq 5$ in $\mathbb{Q}_p$ für alle p isotrop. Also heißt unser Lemma:

Lemma 3.8. *Für* $n \geq 5$ *ist* $Q(a_1, \ldots, a_n)$ *isotrop über* $\mathbb{Q}$ *genau dann, wenn* $Q(a_1, \ldots, a_n)$ *indefinit (über* $\mathbb{R}$*) ist.*

Auch der *Beweis* ist einfacher: Es genügt, $n = 5$ anzunehmen und $a_i \in \mathbb{Z}$ quadratfrei, $a_1 > 0$, $a_5 < 0$ zu betrachten.

Sei $g(X_1, X_2) = a_1 X_1^2 + a_2 X_2^2$, $h(X_3, X_4, X_5) = -a_3 X_3^2 - a_4 X_4^2 - a_5 X_5^2$.

Wie im Beweis von Satz 3.7 folgt: Es gibt ein $a \in \mathbb{Q}^\times$, so daß $g(X_1, X_2)$ und $h(X_3, X_4, X_5)$ a in $\mathbb{R}$ und in $\mathbb{Q}_p$ $\left(\text{für alle } p \neq q \text{ mit } q \nmid 2 \cdot \prod_{i=1}^{5} a_i\right)$ darstellen, also stellt $g(X_1, X_2)$ dieses a auch in $\mathbb{Q}_q$ dar.

Da $q \nmid a_3 \cdot a_4 \cdot a_5$, ist $h(X_3, X_4, X_5)$ in $\mathbb{Q}_q$ isotrop, also stellt auch $h(X_3, X_4, X_5)$ a in $\mathbb{Q}_q$ dar.

Indem wir Lemma 3.2 und Lemma 3.6 auf g und h anwenden, folgt:

Es gibt $x_1, x_2, x_3, x_4, x_5 \in \mathbb{Q}$ mit $g(x_1, x_2) = a = h(x_3, x_4, x_5)$, also ist $Q(a_1, \ldots, a_5)$ isotrop. □

Fassen wir unsere Ergebnisse zusammen:

Satz 3.9 (Hasse-Minkowski). *Eine quadratische Form ist über $\mathbb{Q}$ isotrop genau dann, wenn sie über $\mathbb{R}$ und über allen $\mathbb{Q}_p$ isotrop ist.*

Korollar 3.10. *Jede positive rationale Zahl ist Summe von vier Quadraten.*

Übungsaufgaben

1. Man gebe eine Beschreibung aller rationalen Zahlen, die sich durch die Form $2X^2 - 5Y^2$ darstellen lassen.

2. Beweise den folgenden Satz von Legendre:

Seien a, b, c paarweise teilerfremde quadratfreie ganze Zahlen, die nicht alle positiv und nicht alle negativ sind. Dann ist die Gleichung

$$aX^2 + bY^2 + cZ^2 = 0$$

nicht trivial lösbar über $\mathbb{Q}$ genau dann, wenn die Kongruenzen

$$U^2 \equiv -bc \bmod a$$
$$U^2 \equiv -ac \bmod b$$
$$U^2 \equiv -ab \bmod c$$

lösbar sind.

Ist $3X^2 + 5Y^2 - 7Z^2$ bzw. $3X^2 - 5Y^2 - 7Z^2$ isotrop über $\mathbb{Q}$?

3. (Spezialfall des Dirichletschen Primzahlsatzes)

Sei q eine Primzahl. Zeige:

Es gibt unendlich viele Primzahlen p mit $p \equiv 1 \bmod q$.

Hinweis: Man kann $q \neq 2$ nehmen. Verwende folgende Identitäten

$$f_q(X) := X^{q-1} + X^{q-2} + \ldots + X + 1 = \frac{X^q - 1}{X - 1} = q + \binom{q}{2}(X-1) + \ldots$$
$$+ \binom{q}{q-1}(X-1)^{q-2} + (X-1)^{q-1}$$

und zeige: Es ist für $x \in \mathbb{N}$, $x \neq 1$:

$$\text{i)}\ f_q(x) \equiv \begin{cases} q \bmod q^2, & \text{falls} \quad x \equiv 1 \bmod q, \\ 1 \bmod q\ , & \text{falls} \quad x \not\equiv 1 \bmod q \end{cases}$$

ii) $f_q(x) > q$ und $\mathrm{ggT}(f_q(x), x) = 1$ und

iii) falls $p \neq q$ und $p \mid f_q(x)$, so ist $x^q \equiv 1 \bmod p$, aber $x \not\equiv 1 \bmod p$.

Seien nun $p_1, \ldots, p_k$ Primzahlen mit $p_i \equiv 1 \bmod q$. Wähle $x = p_1 \ldots p_k$ und zeige, daß $f_q(x)$ einen weiteren Primteiler p_{k+1} mit $p_{k+1} \equiv 1 \bmod q$ enthält.

4. Aus Korollar 3.10 folgt: Jede natürliche Zahl n ist Summe von vier Quadraten in $\mathbb{Q}$. Es gilt jedoch sogar: n ist Summe von vier Quadraten von *ganzen Zahlen* (Lagrange).

Anleitung: Sei $R \subset \mathbb{Q}$ ein Unterring,

$$N_4(R) := \{x \in R;\ x = x_1^2 + x_2^2 + x_3^2 + x_4^2 \text{ mit } x_i \in R\}$$

Zeige: $N_4(R)$ ist multiplikativ abgeschlossen, enthält 1 und alle Primzahlen.

Kapitel VI Quadratische Zahlkörper

§ 1 Definitionen

In den vorhergehenden Kapiteln wurden wir schon einige Male mit der Notwendigkeit konfrontiert, quadratische Gleichungen zu betrachten und zu lösen. Dazu muß man *Quadratwurzeln* ziehen, und dies ist im allgemeinen in $\mathbb{Q}$ und sogar in $\mathbb{R}$ bzw. $\mathbb{Q}_p$ nicht möglich, wie wir in Kapitel V gesehen haben.

Daher führt der Versuch, quadratische Gleichungen zu lösen, zu der Konstruktion von neuen, größeren Körpern, in denen diese Gleichungen Lösungen haben; ein Beispiel ist wohlbekannt: Der Körper $\mathbb{C}$ der komplexen Zahlen ist ein Erweiterungskörper von $\mathbb{R}$, den man folgendermaßen definieren kann:

Als Menge ist $\mathbb{C}$ gleich $\{(x, y); x \in \mathbb{R}, y \in \mathbb{R}\}$, wir definieren eine Addition

$$+: \mathbb{C} \times \mathbb{C} \to \mathbb{C}$$

durch die Vorschrift

$$(x, y) + (x', y') := (x + x', y + y')$$

und eine Multiplikation

$$\cdot: \mathbb{C} \times \mathbb{C} \to \mathbb{C}$$

durch

$$(x, y) \cdot (x', y') := (xx' - yy', xy' + yx')$$

Man prüft nach, daß $\mathbb{C}$ mit diesen Definitionen zum Körper wird und daß die Abbildung φ: $\mathbb{R} \to \mathbb{C}$, die gegeben ist durch

$$\varphi(x) := (x, 0) \quad (x \in \mathbb{R})$$

eine injektive Abbildung von $\mathbb{R}$ in $\mathbb{C}$, die mit + und · verträglich ist, ergibt (vgl. auch Beweis von Proposition 1.1). Mit anderen Worten: $\mathbb{C}$ ist ein Erweiterungskörper von $\mathbb{R}$. In Zukunft identifizieren wir wieder x mit (x, 0).

$\mathbb{C}$ hat (u. a.) folgende Eigenschaften:

(1) $\mathbb{C}$ ist ein 2-dimensionaler $\mathbb{R}$-Vektorraum, eine Basis ist z. B. $\{(1, 0), (0, 1)\}$. Nennen wir $(0, 1) =: i$, so läßt sich jedes Element $z \in \mathbb{C}$ eindeutig schreiben als $z = x + yi; y \in \mathbb{R}$.

(2) Da $\mathbb{C}$ als Vektorraum isomorph zu $\mathbb{R}^2$ ist, kann man auf $\mathbb{C}$ eine metrische Struktur einführen durch:

$$|(x, y)| := \sqrt{x^2 + y^2} \quad \text{und}$$

$$d((x, y), (x', y')) := |(x - x', y - y')| .$$

Aus der Komplettheit von $\mathbb{R}$ bzgl. $| \; |$ folgt sofort die von $\mathbb{C}$ bzgl. $| \; |$.

(3) Es ist $i^2 = (0, 1)^2 = (-1, 0)$, d.h.: i ist eine Lösung der Gleichung $X^2 + 1 = 0$; daher besitzt jedes Element aus $\mathbb{R}$ eine Quadratwurzel in $\mathbb{C}$.

(4) Es gilt sogar mehr: Jedes Element aus $\mathbb{C}$ besitzt eine Quadratwurzel in $\mathbb{C}$: Sei nämlich $z = (x, y)$ mit $y \neq 0$. Dann ist $(x_1, y_1)^2 = (x, y)$, falls $2y_1 x_1 = y$ und y_1 Lösung der Gleichung $4y_1^4 + 4y_1^2 x - y^2 = 0$ ist. Das heißt aber: Es ist

$$y_1^2 = \frac{-4x + \sqrt{16x^2 + 16y^2}}{8} = \frac{-x + \sqrt{x^2 + y^2}}{2} > 0,$$

also gibt es $y_1 \in \mathbb{R}$, das diese Gleichung löst.

(5) Etwas tiefer liegt: Jedes nichtkonstante Polynom mit Koeffizienten aus $\mathbb{C}$ hat Nullstellen in $\mathbb{C}$.

Dieser sogenannte „Hauptsatz der Algebra" besagt, daß wir, beginnend mit $\mathbb{N}$, uns mit $\mathbb{C}$ einen Körper konstruiert haben, der bezüglich Grenzwertbildung mittels der Betragsmetrik und algebraischer Operationen abgeschlossen ist.

Man kann, von $\mathbb{Q}_p$ ausgehend, ebenfalls einen „algebraischen Abschluß" von $\mathbb{Q}_p$ konstruieren, in dem alle Polynome Nullstellen haben, dieser Körper ist aber dann ein unendlich-dimensionaler $\mathbb{Q}_p$-Vektorraum, und er muß noch einmal komplettiert (bzgl. der von φ_p induzierten Norm) werden. Der dann entstehende Körper ist das zu p gehörende nichtarchimedische Gegenstück zu den komplexen Zahlen; man kann mit gutem Erfolg in ihm Analysis („nichtarchimedische Analysis") treiben.

Dies sind jedoch „nichtelementare Aspekte" der Zahlentheorie. Wir interessieren uns hier, wie gesagt, nur für quadratische Gleichungen über $\mathbb{Q}$ und kommen so zu *quadratischen Zahlkörpern,* die einesteils Erweiterungskörper von $\mathbb{Q}$, andererseits aber noch elementaren Methoden zugänglich sind; diese Körper stellen also eine Verbindung zwischen elementarer und algebraischer Zahlentheorie her.

In Zukunft stellen wir uns $\mathbb{Q}$ immer als Teilkörper von $\mathbb{C}$ vor.

Seien $d \in \mathbb{Z} \setminus \{0\}$ und $\delta \in \mathbb{C}$ mit $\delta^2 = d$. δ ist durch d nicht eindeutig bestimmt, trotzdem schreiben wir: $\delta = \sqrt{d}$ (und nehmen die Zweideutigkeit in Kauf. Für festes d wählen wir uns ein δ mit $\delta^2 = d$ aus).

Sei d kein Quadrat in $\mathbb{Q}$. Dann ist $\sqrt{d}$ keine rationale Zahl. Wir bilden

$$\mathbb{Q}(\sqrt{d}) = \{q_1 + q_2\sqrt{d};\ q_i \in \mathbb{Q}\} \subset \mathbb{C}.$$

Proposition 1.1. *$\mathbb{Q}(\sqrt{d})$ ist ein Unterkörper von $\mathbb{C}$, der ein Vektorraum der Dimension 2 über $\mathbb{Q}$ ist. Eine Basis ist gegeben durch $\{1, \sqrt{d}\}$. Jedes Element aus $\mathbb{Q}(\sqrt{d})$ ist eine Nullstelle eines Polynoms vom Grad 2 aus $\mathbb{Q}[X]$.*

Beweis. Ersichtlich ist $\mathbb{Q}(\sqrt{d})$ ein $\mathbb{Q}$-Vektorraum mit der Basis $\{1, \sqrt{d}\}$, denn wenn $q_1 \cdot 1 + q_2\sqrt{d} = q_1' \cdot 1 + q_2'\sqrt{d}$ ist ($q_i, q_i' \in \mathbb{Q}$), so ist $q_1 - q_1' = (q_2' - q_2)\sqrt{d}$, und, da $\sqrt{d} \notin \mathbb{Q}$, ist $q_1 - q_1' = q_2' - q_2 = 0$.

Wegen $(q_1 + q_2\sqrt{d})(q_1' + q_2'\sqrt{d}) = (q_1 q_1' + d q_2 q_2') + (q_1 q_2' + q_1' q_2)\sqrt{d}$ ist $\mathbb{Q}(\sqrt{d})$ ein Unterring von $\mathbb{C}$.
Falls $q_1 + q_2\sqrt{d} \neq 0$ ist, ist $q_1^2 - dq_2^2 \neq 0$ (da sonst $d = q_1^2/q_2^2$ wäre), und

$$\frac{q_1 - q_2\sqrt{d}}{q_1^2 - dq_2^2} = \frac{q_1}{q_1^2 - dq_2^2} + \frac{q_2}{dq_2^2 - q_1^2}\sqrt{d} \in \mathbb{Q}(\sqrt{d})$$

ist das Inverse zu $q_1 + q_2\sqrt{d}$.
Sei

$$\sigma\colon \mathbb{Q}(\sqrt{d}) \to \mathbb{Q}(\sqrt{d})$$

die Abbildung gegeben durch

$$q_1 + q_2\sqrt{d} \longmapsto \sigma(q_1 + q_2\sqrt{d}) = q_1 - q_2\sqrt{d}.$$

Dann ist σ ein Körperautomorphismus von $\mathbb{Q}(\sqrt{d})$, der (natürlich) $\mathbb{Q}$ elementweise festläßt.
Für $x \in \mathbb{Q}(\sqrt{d})$ ist $N_\sigma(x) := x \cdot \sigma x \in \mathbb{Q}$, ebenso $Tr_\sigma(x) = x + \sigma x \in \mathbb{Q}$.
Es gilt nun: Für alle $x \in \mathbb{Q}(\sqrt{d})$ ist x Nullstelle von $X^2 - Tr_\sigma(x) \cdot X + N_\sigma(x)$, da $x^2 - (x + \sigma x)x + x \cdot \sigma x = 0$. Damit ist Proposition 1.1 bewiesen. □
Falls $d \underset{2}{=} d'$, ist $\mathbb{Q}(\sqrt{d}) = \mathbb{Q}(\sqrt{d'})$. Wir nehmen deshalb im Folgenden an: d ist quadratfrei, d. h. $0 \leq w_p(d) \leq 1$ für alle Primzahlen p. Die im Beweis eingeführten Abbildungen N_σ und Tr_σ heißen *Norm-* bzw. *Spurabbildung* von $\mathbb{Q}(\sqrt{d})$ in $\mathbb{Q}$. N_σ ist ein Homomorphismus von $\mathbb{Q}(\sqrt{d})^\times$ nach $\mathbb{Q}^\times$. Tr_σ ist ein Homomorphismus von $\mathbb{Q}(\sqrt{d})$ nach $\mathbb{Q}$ (mit der Addition als Verknüpfung).

Definition. $x \in \mathbb{Q}(\sqrt{d})$ heißt *ganzes Element* (oder *ganz*), falls $N_\sigma(x)$ und $Tr_\sigma(x)$ aus $\mathbb{Z}$ sind. Sei $\mathcal{O} \subset \mathbb{Q}(\sqrt{d})$ die Menge aller ganzen Elemente.
Wir bestimmen $\mathcal{O}$: $x \in \mathcal{O}$ schreibt sich jedenfalls als:

$$x = q_1 + q_2\sqrt{d} \quad \text{mit} \quad q_i \in \mathbb{Q}.$$

1. Fall: Sei $d \equiv 2, 3 \bmod 4$. Es ist $Tr_\sigma(x) = 2q_1 \in \mathbb{Z}$, also

$$q_1 = \frac{\mu}{2} \quad \text{mit} \quad \mu \in \mathbb{Z}.$$

Es ist

$$N_\sigma(x) = q_1^2 - dq_2^2 = \frac{\mu^2 - 4dq_2^2}{4} \in \mathbb{Z}.$$

Falls μ ungerade ist, muß $q_2 = \lambda/2$ mit $\lambda \in \mathbb{Z}$ und λ ungerade sein, und $4 \mid \mu^2 - d\lambda^2$. Da $d \equiv 2, 3 \bmod 4$ und $\mu^2 \equiv 1 \bmod 8$ ist, geht das nicht.
Also muß μ gerade sein, und deshalb ist $q_1 \in \mathbb{Z}$. Dann ist auch dq_2^2 in $\mathbb{Z}$, und (da d quadratfrei ist), ist auch $q_2 \in \mathbb{Z}$.

Ergebnis: Falls $d \equiv 2, 3 \bmod 4$ ist, ist

$$\mathcal{O} = \{z_1 + z_2\sqrt{d};\ z_1, z_2 \in \mathbb{Z}\} = \mathbb{Z} \cdot 1 \oplus \mathbb{Z}\sqrt{d}.$$

2. Fall: Sei $d \equiv 1 \bmod 4$. Wie oben haben wir: $q_1 = \mu/2$ mit $\mu \in \mathbb{Z}$.
Falls μ gerade ist, ist wie oben auch $q_2 \in \mathbb{Z}$. Sei μ ungerade. Damit $4 \mid \mu^2 - 4dq_2^2$, muß $q_2 = \lambda/2$ sein, wegen $d \equiv 1 \bmod 4$ folgt dann aber auch $4 \mid \mu^2 - d\lambda^2$.

Ergebnis: Falls $d \equiv 1 \bmod 4$ ist, ist

$$\mathcal{O} = \left\{ \frac{z_1 + z_2\sqrt{d}}{2} \; ; \; z_1, z_2 \in \mathbb{Z}, \; z_1 \equiv z_2 \bmod 2 \right\}$$

$$= \mathbb{Z} \cdot 1 \oplus \mathbb{Z} \cdot \left(\frac{1 + \sqrt{d}}{2} \right).$$

Es gilt deshalb:

Proposition 1.2. *Die Menge der ganzen Zahlen* $\mathcal{O}$ *von* $\mathbb{Q}(\sqrt{d})$ *bildet einen Unterring von* $\mathbb{Q}(\sqrt{d})$, *der ein freier* $\mathbb{Z}$*-Modul vom Rang* 2 *ist. Eine* $\mathbb{Z}$*-Basis von* $\mathcal{O}$ *ist gleich* $\{1, \sqrt{d}\}$, *falls* $d \equiv 2, 3 \bmod 4$, *oder gleich* $\{1, \frac{1+\sqrt{d}}{2}\}$, *falls* $d \equiv 1 \bmod 4$ *ist. Diese Basis wird eine* Ganzheitsbasis von $\mathcal{O}$ *genannt. Es ist* $\sigma(\mathcal{O}) = \mathcal{O}$.

Übungsaufgabe

Definition: Sei $d \in \mathbb{N}$ und quadratfrei, $\mathcal{O} \subset \mathbb{Q}(\sqrt{d})$ der Ring der ganzen Zahlen. $\{u_1, u_2\} \subset \mathbb{Q}(\sqrt{d})$ heißt *Ganzheitsbasis* von $\mathbb{Q}(\sqrt{d})$, falls $\mathcal{O} = \{z_1 u_1 + z_2 u_2 \, ; \, z_1 \text{ und } z_2 \text{ aus } \mathbb{Z}\}$.

Zeige, daß dann $\{u_1, u_2\}$ eine $\mathbb{Q}$-Vektorraumbasis von $\mathbb{Q}(\sqrt{d})$ ist und bestimme alle Möglichkeiten für $\{u_1, u_2\}$.
Zeige: Falls L ein Körper ist, der $\mathcal{O}$ enthält, so enthält L auch $\mathbb{Q}(\sqrt{d})$.

§ 2 Einheiten in $\mathcal{O}$

Proposition 2.1. *Sei* $x \in \mathcal{O}$. *Es ist* $x \in \mathcal{O}^\times$ *genau dann, wenn* $N_\sigma(x) = \pm 1$ *ist.*

Beweis. Sei $x \in \mathcal{O}^\times$, $y \in \mathcal{O}^\times$ mit $x \cdot y = 1$. Dann ist $1 = N_\sigma(x \cdot y) = N_\sigma(x) \cdot N_\sigma(y)$, also ist $N_\sigma(x) \in \mathbb{Z}^\times = \{1, -1\}$. Sei umgekehrt $x = q_1 + q_2\sqrt{d}$ mit $N_\sigma(x) = q_1^2 - dq_2^2 \in \mathbb{Z}^\times$. Dann ist

$$x^{-1} = \frac{q_1 - q_2\sqrt{d}}{q_1^2 - dq_2^2} = \pm (q_1 - q_2\sqrt{d}) \in \mathcal{O},$$

also ist $x \in \mathcal{O}^\times$. □

Definition. Falls $d > 0$ ist, heißt $\mathbb{Q}(\sqrt{d})$ *reellquadratisch,* falls $d < 0$ ist, heißt $\mathbb{Q}(\sqrt{d})$ *imaginärquadratisch.*

Sei $\mathbb{Q}(\sqrt{d})$ imaginärquadratisch, sei $d = -D$, $D \in \mathbb{N}$. Wir wollen $\mathcal{O}^\times$ bestimmen; dazu müssen wir wegen Proposition 2.1 alle Lösungen der Gleichungen

(1) $X_1^2 + DX_2^2 = 1$,

(2) $X_1^2 + DX_2^2 = -1$

bestimmen, wobei $x_1, x_2 \in \mathbb{Z}$, falls $D \equiv 1, 2 \bmod 4$, und $2x_1, 2x_2 \in \mathbb{Z}$, $2x_1 \equiv 2x_2 \bmod 2$, falls $D \equiv 3 \bmod 4$. Die Gleichung (2) hat ersichtlich keine Lösung, also genügt es, Gleichung (1) zu betrachten. Sei $D = 1$. Dann hat man die Lösungen $x_1 = \pm 1, x_2 = 0$ und $x_1 = 0, x_2 = \pm 1$, und somit

$$\mathcal{O}^\times = \{1, -1, \sqrt{-1}, -\sqrt{-1}\},$$

also besteht $\mathcal{O}^\times$ aus den *vierten Einheitswurzeln.*

Sei $D = 3$. Setze $U_1 = 2X_1$, $U_2 = 2X_2$. Dann hat man zu lösen:

$$U_1^2 + 3U_2^2 = 4 \quad \text{mit} \quad u_1, u_2 \in \mathbb{Z}.$$

Man findet Lösungen $u_1 = \pm 2, u_2 = 0$; $u_1 = \pm 1, u_2 = \pm 1$, also

$$\mathcal{O}^\times_{\,\mathsf{I}} = \left\{1, -1, \frac{1+\sqrt{-3}}{2}, \frac{1-\sqrt{-3}}{2}, \frac{-1+\sqrt{-3}}{2}, \frac{-1-\sqrt{-3}}{2}\right\},$$

also besteht $\mathcal{O}^\times$ aus den sechsten Einheitswurzeln.

Sei nun $D \neq 1, 3$. Da $D > 4$ ist, falls $D \equiv 3 \bmod 4$, sieht man: (1) besitzt nur Lösungen $x_1 = \pm 1, x_2 = 0$:

$$\mathcal{O}^\times = \{1, -1\} \in \mathbb{Z}^\times.$$

Es gilt also:

Proposition 2.2. *Sei* $\mathbb{Q}(\sqrt{d})$ *imaginärquadratisch. Dann ist für,* $d \neq -1, -3$:

$$\mathcal{O}^\times = \mathbb{Z}^\times = \{\pm 1\}.$$

Für $d = -1$ *ist* $\mathcal{O}^\times$ *gleich der Gruppe der vierten Einheitswurzeln, für* $d = -3$ *ist* $\mathcal{O}^\times$ *gleich der Gruppe der sechsten Einheitswurzeln.*

Ergiebiger sind die reellquadratischen Körper: Sei $d > 0$. Wir müssen die Gleichungen $Y^2 - dX^2 = \pm \epsilon^2$ mit $x, y \in \mathbb{Z}$ und $\epsilon = 1$ (falls $d \equiv 2, 3 \bmod 4$) und $\epsilon = 2$ (falls $d \equiv 1 \bmod 4$) lösen.

Wir wissen jedenfalls: Die Menge der ganzzahligen Lösungen dieser zwei Gleichungen ist nichtleer, sie bildet eine Gruppe.

Lemma 2.3. *Die Gleichung* $Y^2 - dX^2 = 1$ *besitzt eine Lösung mit* $x \neq 0$.

Beweis.

1. Es gibt unendlich viele $x, y \in \mathbb{Z}$ mit $|y^2 - dx^2| < 1 + 2\sqrt{d}$. Denn: Sei $q \in \mathbb{N}$, $q > 1$, $0 \leq x \leq q$ und $y \in \mathbb{Z}$, so daß $0 \leq (y - x\sqrt{d}) < 1$. Dann nimmt

$(y - x\sqrt{d})$ Werte in q Intervallen $[r/q, \frac{r+1}{q})$ $(r = 0, 1, \ldots, q-1)$ an. Also gibt es Paare $(x_1, y_1), (x_2, y_2)$ mit $x_1 \neq x_2$ und:

$$|y_1 - y_2 - (x_1 - x_2)\sqrt{d}| < \frac{1}{q} \leq \frac{1}{|x_1 - x_2|}.$$

Indem wir $y = y_1 - y_2$ und $x = x_1 - x_2$ setzen, sehen wir: Es gibt unendlich viele $x \in \mathbb{Z}$ und $y \in \mathbb{Z}$ mit $|y - x\sqrt{d}| < 1/|x|$.
Dann ist

$$|y + x\sqrt{d}| = |y - x\sqrt{d} + 2x\sqrt{d}| < \frac{1}{|x|} + 2|x|\sqrt{d},$$

und somit

$$0 < |y^2 - dy^2| < \frac{1}{x^2} + 2\sqrt{d} < 1 + 2\sqrt{d}.$$

2. Aus 1. folgt: Es gibt ein $k \in \mathbb{Z}$ mit $0 < |k| < 1 + 2\sqrt{d}$, so daß die Gleichung $Y^2 - dX^2 = k$ unendlich viele ganzzahlige Lösungen besitzt. Also gibt es auch zwei verschiedene Lösungen $(x_1, y_1), (x_2, y_2)$, die mod k gleich sind: $x_1 \equiv x_2 \bmod k$, $y_1 \equiv y_2 \bmod k$, und die $y_1 x_2 - x_1 y_2 \neq 0$ erfüllen. Durch Multiplikation folgt:

$$(y_1 y_2 - d(x_1 x_2))^2 - d(y_1 y_2 - x_1 y_2)^2 = k^2.$$

Setze

$$y := \frac{y_1 y_2 - d x_1 x_2}{k}, \quad x := \frac{y_1 x_2 - y_2 x_1}{k},$$

so ist $x, y \in \mathbb{Z}$, $x \neq 0$, und $y^2 - dx^2 = 1$.□

Korollar 2.4. $\mathcal{O}^\times \neq \{1, -1\}$.

Wir wollen nun eine Übersicht über alle Lösungen von

$$Y^2 - dX^2 = \epsilon^2 \quad \text{mit} \quad x \neq 0$$

finden. Sei (x_0, y_0) eine solche Lösung mit $x_0 > 0, y_0 > 0$, und x_0 minimal unter allen Lösungen. Wir wissen dann, daß auch

$$\pm\left(\frac{y_0 \pm x_0\sqrt{d}}{\epsilon}\right)^n \in \mathcal{O}^\times \quad \text{für alle} \quad n \in \mathbb{Z}$$

ist, d.h. falls

$$\left(\frac{y_0 + x_0\sqrt{d}}{\epsilon}\right)^n = \frac{y_n}{\epsilon} + \frac{x_n}{\epsilon}\sqrt{d},$$

dann ist auch (x_n, y_n) eine Lösung von $Y^2 - dX^2 = \epsilon^2$.

Sei (x, y) eine beliebige Lösung, die nicht durch ein (x_n, y_n) gegeben ist, mit $x > 0, y > 0$. Dann gibt es (wegen der Archimedizität von $\mathbb{R}$) ein $n \in \mathbb{Z}$ mit

$$\epsilon^{-n}(y_0 + x_0\sqrt{d})^n < (y + x\sqrt{d}) < (y_0 + x_0\sqrt{d})^{n+1}\epsilon^{-(n+1)}.$$

Also ist:

$$\epsilon < (y + x\sqrt{d})(y_n - x_n\sqrt{d}) < (y_0 + x_0\sqrt{d}).$$

Da auch

$$\frac{(y + x\sqrt{d})(y_n - x_n\sqrt{d})}{\epsilon^2} \in \mathcal{O}^\times$$

ist, gibt es $\tilde{x}, \tilde{y} \in \mathbb{Z}\setminus\{0\}$ mit

$$\frac{(y + x\sqrt{d})(y_n - x_n(\sqrt{d}))}{\epsilon} = \tilde{y} + \tilde{x}\sqrt{d} < \epsilon^{-1}(y_0 + x_0\sqrt{d}) \text{ und}$$

$$\tilde{y}^2 - d\tilde{x}^2 = \epsilon^2.$$

Da $\tilde{y} + \tilde{x}\sqrt{d} > 1$, folgt: $0 < \tilde{y} - \tilde{x}\sqrt{d} < \epsilon^2$. Also ist $\tilde{y} > 0$, und $-\tilde{x}\sqrt{d} < \epsilon^2 - \tilde{y} < \epsilon^2 + \tilde{x}\sqrt{d} - 1$. Falls $\epsilon = 2$ ist, ist $d \geq 5$, also ist $-\tilde{x} < 3/4$, und somit $\tilde{x} > 0$.

Es ist $\tilde{y}^2 - d\tilde{x}^2 = y_0^2 - dx_0^2$, und daher: $d(\tilde{x}^2 - x_0^2) = \tilde{y}^2 - y_0^2$. Falls also $\tilde{x} > x_0$ wäre, wäre auch $\tilde{y} > y_0$, und daher $\tilde{y} + \tilde{x}\sqrt{d} > y_0 + x_0\sqrt{d}$, was ein Widerspruch ist. Also ist $\tilde{x} \leq x_0$. Da $\tilde{x} \neq x_0$ ist, haben wir aber dann einen Widerspruch zur Minimalität von x_0, und somit haben wir gezeigt: Jede Lösung von

$$Y^2 - dX^2 = \epsilon^2 \qquad (*)$$

ist von der Form (x, y) mit

$$\frac{y + x\sqrt{d}}{\epsilon} = \pm\frac{(y_0 \pm x_0\sqrt{d})^n}{\epsilon^n} \quad \text{für geeignetes } n \in \mathbb{Z}.$$

Damit haben wir eine vollständige Übersicht über die Menge der ganzzahligen Lösungen der *Pellschen Gleichung* (*) gewonnen. Gleichzeitig können wir $\mathcal{O}^\times$ beschreiben:

Satz 2.5. *Sei* $d > 0, \epsilon = 1$, *falls* $d \equiv 2, 3 \bmod 4$, $\epsilon = 2$, *falls* $d \equiv 1 \bmod 4$. *Sei* $\mathcal{O}^\times$ *die Gruppe der Einheiten im Ganzheitsring* $\mathcal{O}$ *von* $\mathbb{Q}(\sqrt{d})$. *Dann gibt es ein* $\eta \in \mathcal{O}^\times$, *so daß jedes* $x \in \mathcal{O}^\times$ *sich eindeutig darstellt in der Form* $x = \pm\eta^n$, $n \in \mathbb{Z}$. *Die Menge* $\mathcal{O}_1^\times$ *der* $x \in \mathcal{O}^\times$ *mit* $N_\sigma(x) = 1$ *bilden eine Untergruppe von* $\mathcal{O}^\times$ *vom Index* ≤ 2; *der Index ist gleich* 2 *genau dann, wenn die Gleichung* $Y^2 - dX^2 = -\epsilon^2$ *eine ganzzahlige Lösung besitzt. Die Gleichung* $Y^2 - dX^2 = \epsilon^2$ *hat unendlich viele ganzzahlige Lösungen, und, falls* (x_0, y_0) *eine solche Lösung ist mit* $x_0 > 0, y_0 > 0$ *und* x_0 *minimal, dann ist jedes* $x \in \mathcal{O}_1^\times$ *gegeben durch*

$$x = \pm\left(\frac{y_0 \pm x_0\sqrt{d}}{\epsilon}\right)^n \quad \textit{mit} \quad n \in \mathbb{Z} \quad \textit{geeignet.}$$

Definition. η heißt Grundeinheit von $\mathcal{O}$.

Nachdem wir die Struktur von $\mathcal{O}^\times$ vollständig bestimmt haben, bleibt nur noch die Aufgabe, eine Berechnungsmöglichkeit für die Grundeinheit η von $\mathcal{O}$ anzugeben. Es zeigt sich, daß die Kettenbruchentwicklung, die in Kapitel III, § 3 entwickelt wurde, ein geeignetes Mittel dazu ist.

Wir übernehmen die Bezeichnungen aus diesem Abschnitt.

Sei

$$\omega = \begin{cases} \sqrt{d}\ , & \text{falls} \quad d \equiv 2, 3 \bmod 4 \\ \dfrac{1+\sqrt{d}}{2}\ , & \text{falls} \quad d \equiv 1 \bmod 4 \end{cases}$$

Dann ist die zweite Restzahl $1/\omega - [\omega] =: x$ reduziert.

Sei die Kettenbruchentwicklung von x gegeben durch

$$x = \lim_{i \to \infty} [a_1, \ldots, a_i].$$

Da x reduziert ist, ist diese Entwicklung rein periodisch, die kleinste Periode sei l. Die Zahlen q_i seien wie in Kapitel III, § 3 durch die rekursive Definition

$$q_0 = 0,\ q_1 = 1,\ q_i = a_i q_{i-1} + q_{i-2} \quad (2 \le i \in \mathbb{N})$$

definiert.

Wir geben nun ohne Beweis (vgl. etwa [9]) das folgende Resultat an:

Proposition 2.6. $\eta := q_l x + q_{l-1}$ *ist eine Grundeinheit von* $\mathcal{O}$.

Übungsaufgaben

1. Berechne Grundeinheiten für d = 2, 3, 5, 6, 7, 22.

2. Sei $d \in \mathbb{N}$ quadratfrei. Sei $\mathcal{O}$ der Ring der ganzen Zahlen von $\mathbb{Q}(\sqrt{d}), \mathcal{O}_1^\times = \{x \in \mathcal{O}^\times ; N_\sigma(x) = 1\}$.
   Zeige: $\mathcal{O}_1^\times$ ist eine Untergruppe von $\mathcal{O}^\times$ vom Index ≤ 2.
   Falls d einen Primfaktor $p \equiv 3 \bmod 4$ enthält, so ist $\mathcal{O}^\times = \mathcal{O}_1^\times$.
   Teste anhand von d = 34, ob die Umkehrung richtig ist. Falls $d = p \equiv 1 \bmod 4$, so ist $\mathcal{O}^\times / \mathcal{O}_1^\times \cong \mathbb{Z}/2$.

3. Bestimme alle ganzzahligen Lösungen der Gleichung

$$x^2 - 2y^2 = \pm 119.$$

§ 3 Teilertheorie in $\mathcal{O}$

Wir können auf $\mathcal{O}$ die im Kapitel I, § 2 dargestellte Teilertheorie anwenden, insbesondere haben wir die Begriffe „Primelement" und „unzerlegbares Element", und es gilt Lemma I, 2.2: Jedes Primelement ist unzerlegbar.

Die Umkehrung, also Korollar I, 3.2, ist aber im allgemeinen falsch, der Grund dafür ist die Tatsache, daß im allgemeinen $\mathcal{O}$ kein Hauptidealring ist; denn aus der allgemeinen Theorie der Hauptidealringe folgt (siehe z. B. [15]), daß Satz I, 3.1, richtig ist, wenn man die Eindeutigkeit bis auf Assoziiertheit fordert, und damit gilt dann in diesem Fall auch Korollar I, 3.2.

Ein hinreichendes Kriterium für die Eigenschaft von $\mathcal{O}$, ein Hauptidealring zu sein, ist die Existenz eines euklidischen Algorithmus (siehe Lemma I, 4.3); der Beweis von Satz I, 4.2 läßt sich dann auf $\mathcal{O}$ übertragen.

Beispiel. Für $d = -1$ ist $\mathcal{O} = \{z_1 + z_2\sqrt{-1}\}$ ein euklidischer Ring, die Rolle des Betrages in $\mathbb{Z}$ spielt jetzt N_σ.

Definition. Ein kommutativer, nullteilerfreier Ring R mit 1, in dem jedes Element $\neq 0$ sich durch ein Produkt aus irreduziblen Elementen darstellen läßt, und in dem diese Darstellung (bis auf Einheiten) eindeutig ist, heißt *ZPE-Ring*.

Falls R kein ZPE-Ring ist, folgt, daß R kein Hauptidealring ist.

Wir leiten nun Kriterien für $\mathcal{O} \subset \mathbb{Q}(\sqrt{d})$ her für die Eigenschaft, ZPE-Ring zu sein.

Proposition 3.1.

i) *Jedes* $0 \neq x \in \mathcal{O}$ *ist assoziiert zu einem Produkt von unzerlegbaren Elementen.*

ii) *Falls jedes unzerlegbare Element von* $\mathcal{O}$ *ein Primelement ist, ist* $\mathcal{O}$ *ein ZPE-Ring.*

Beweis.

i) Wir machen Induktion nach $|N_\sigma(x)| \in \mathbb{N}$.

Falls $|N_\sigma(x)| = 1$, ist x eine Einheit, wir nehmen das leere Produkt.

Sei $|N_\sigma(x)| > 1$. Falls $x = x_1 \cdot x_2$ mit $x_1, x_2 \in \mathcal{O} \backslash \mathcal{O}^\times$, dann ist $|N_\sigma(x)| = |N_\sigma(x_1)| \cdot |N_\sigma(x_2)|$. Da $|N_\sigma(x_i)| \neq 1$ ist, ist $|N_\sigma(x_i)| < |N_\sigma(x)|$. Wir wenden die Induktionsvoraussetzung an und bekommen eine Produktdarstellung von x_i und damit eine von x.

ii) Sei $x = \epsilon_1 \cdot \prod_{i=1}^{r} x_i = \epsilon_2 \cdot \prod_{j=1}^{t} y_j$ mit x_i, y_j unzerlegbar. Da dann nach Voraussetzung x_i Primelement ist und $x_i | x$, folgt: x_i teilt ein y_j, ist also assoziiert zu y_j. Indem wir mit x_i kürzen und Induktion anwenden, erhalten wir die Behauptung. □

Proposition 3.2. $\mathcal{O} \subset \mathbb{Q}(\sqrt{d})$ *ist ZPE-Ring genau dann, wenn für alle Primzahlen* $p \in \mathbb{Z}$ *entweder* p *prim in* $\mathcal{O}$ *ist oder* p *oder* $-p$ *im Bild von* $N_{\sigma|\mathcal{O}}$ *liegt.*

Beweis.

1. Sei $\mathcal{O}$ ZPE-Ring. Sei p nicht prim in $\mathcal{O}$. Daher ist p nicht unzerlegbar. Dann ist $p = d_1 \cdot d_2$, $d_i \in \mathcal{O} \backslash \mathcal{O}^\times$, also ist $N_\sigma(p) = p^2 = N_\sigma(d_1) \cdot N_\sigma(d_2)$ und daher $N_\sigma(d_i) = \pm p$.

2. Wir wollen zeigen: Falls p in $\mathcal{O}$ entweder prim ist oder $\pm$ p im Bild von N_σ liegt, dann ist jedes unzerlegbare Element in $\mathcal{O}$ ein Primelement. Sei dazu $z \in \mathcal{O}$ unzerlegbar. Sei p ein Primteiler von $N_\sigma(z)$.

Falls p ein Primelement in $\mathcal{O}$ ist, gilt: Da $p \mid z \cdot \sigma z$, ist p ein Teiler von z oder von σz, und damit (da $\sigma p = p$ ist) folgt auf jeden Fall $p \mid z$, also ist p assoziiert zu z, und damit ist z ein Primelement.
Sei p nicht prim in $\mathcal{O}$, sei $a \in \mathcal{O}$ mit $N_\sigma(a) = \pm p$. Da $\sigma a \cdot a = \pm p$ ist, liegt $\pm p$ in $\mathcal{O} \cdot a$, und somit ist $\mathcal{O} \cdot a \supset \mathcal{O} \cdot p$. Falls $\mathcal{O}a = \mathcal{O}p$ wäre, wäre $a = b \cdot p$, und daher $N_\sigma(a) = N_\sigma(b) \cdot p^2$ mit $N_\sigma(b) \in \mathbb{Z}$, also $N_\sigma(a) \neq \pm p$. Der Ringhomomorphismus

$$\mathcal{O}/\mathcal{O} \cdot p \to \mathcal{O}/\mathcal{O} \cdot a$$

ist also surjektiv, aber nicht injektiv. Da

$$\mathcal{O} = \mathbb{Z} \cdot 1 \oplus \mathbb{Z} \cdot \omega \quad \text{mit} \quad \omega = \begin{cases} \sqrt{d} & ; \quad d \equiv 2, 3 \bmod 4 \\ \dfrac{1 + \sqrt{d}}{2} & ; \quad d \equiv 1 \bmod 4 \end{cases}$$

ist $\# \mathcal{O}/\mathcal{O} \cdot p = p^2$. Also ist auch $\mathcal{O}/\mathcal{O} \cdot a$ eine Gruppe von p-Potenzordnung, die, da $a \notin \mathcal{O}^\times$, ungleich der 1-Gruppe ist. Daher ist $\mathcal{O}/\mathcal{O} \cdot a \cong \mathbb{Z}/p$, also ist $\mathcal{O}/\mathcal{O} \cdot a$ ein nullteilerfreier Ring, und das heißt gerade: Falls $a \mid b \cdot c$ $(b, c \in \mathcal{O})$, dann folgt: $a \mid b$ oder $a \mid c$; also ist a ein Primelement von $\mathcal{O}$.
Es gilt in $\mathcal{O}$: $a \mid N_\sigma(a) \mid N_\sigma(z)$, also ist wegen der Unzerlegbarkeit von z a assoziiert zu z oder zu σz. Damit ist z (oder, was äquivalent ist) σz ein Primelement.
Aus Proposition 3.1 folgt damit: $\mathcal{O}$ ist ein ZPE-Ring. □
Wir setzen nun im Folgenden voraus, daß $\mathcal{O}$ ein ZPE-Ring ist. Wir wollen das Bild von N_σ untersuchen.

Lemma 3.3. *Sei* $q = r/s \in \mathbb{Q}^\times$ *(gekürzt). Dann ist*

$$q \in N_\sigma(\mathbb{Q}(\sqrt{d})^\times) \Leftrightarrow r, s \in N_\sigma(\mathcal{O}) \quad \textit{oder} \quad -r, -s \in N_\sigma(\mathcal{O}).$$

Beweis. „$\Leftarrow$" folgt aus der Multiplikativität der Norm.
„$\Rightarrow$": Sei $q = N_\sigma(x)$, $x \in \mathbb{Q}(\sqrt{d})^\times$. Dann ist $x = x_1/x_2$ mit $x_i \in \mathcal{O}$ und $\operatorname{ggT}(x_1, x_2) = 1$ (da $\mathcal{O}$ ZPE-Ring). Also ist

$$q = \frac{x_1 \sigma x_1}{x_2 \sigma x_2}, \quad \text{oder} \quad r \cdot x_2 \cdot \sigma x_2 = s \cdot x_1 \cdot \sigma x_1.$$

Sei $d = \operatorname{ggT}(\sigma x_2, x_1)$ (in $\mathcal{O}$), also

$$\sigma x_2 = d \cdot y, \; x_1 = d \cdot z \quad \text{mit} \quad y, z \in \mathcal{O} \quad \text{und}$$

$$\operatorname{ggT}(y, z) = 1 \quad \text{und} \quad \operatorname{ggT}(\sigma y, \sigma z) = 1.$$

Dann haben wir:

$$r \cdot \sigma d \cdot \sigma y \cdot d \cdot y = s \cdot d \cdot z \cdot \sigma d \cdot \sigma z \quad \text{oder}$$

$$r \cdot \sigma y \cdot y = s \cdot z \cdot \sigma z.$$

Nach Voraussetzung ist $\operatorname{ggT}(x_1, x_2) = 1$, also auch $\operatorname{ggT}(\sigma x_1, \sigma x_2) = 1$, und daher auch $\operatorname{ggT}(\sigma z, y) = 1$ und $\operatorname{ggT}(z, \sigma y) = 1$. Also ist

$$\frac{r}{N_\sigma(z)} = \frac{s}{N_\sigma(y)} \in \mathcal{O} \cap \mathbb{Q} = \mathbb{Z},$$

und, da

$$\operatorname{ggT}\left(\frac{r}{N_\sigma(z)}, \frac{s}{N_\sigma(y)}\right) = 1 \quad \text{ist, ist}$$

$$\frac{r}{N_\sigma(z)} = \pm 1 = \frac{s}{N_\sigma(y)},$$

und damit ist das Lemma bewiesen. □

Wann ist nun eine ganze Zahl in $N_\sigma(\mathcal{O} \setminus \{0\})$?

Falls $r \underset{2}{=} r'$ und $r' \in \mathbb{Z}$, dann ist $r \in N_\sigma(\mathcal{O}) \Leftrightarrow r' \in N_\sigma(\mathcal{O})$.

Wir können uns also nun auf $r \in \mathbb{Z}$ mit $0 \leq w_p(r) \leq 1$ für alle Primzahlen p beschränken. Falls $p \mid r$ und p prim in $\mathcal{O}$, dann kann $\pm r$ nicht in $N_\sigma(\mathcal{O})$ liegen. Denn sei $N_\sigma(a) = \pm r$, dann teilt p das Element $a \cdot \sigma a$, also auch a und σa (in $\mathcal{O}$), also teilt p^2 das Element $a \cdot \sigma a$ in $\mathcal{O} \cap \mathbb{Q} = \mathbb{Z}$. Sei umgekehrt p nicht prim in $\mathcal{O}$. Dann ist $p = d_1 \cdot d_2$, und $N_\sigma(p) = p^2 = N_\sigma(d_1) \cdot N_\sigma(d_2)$, also $N_\sigma(d_1) = \pm p$, und somit $\pm p \in N_\sigma(\mathcal{O})$. Also ist $\pm r \in N_\sigma(\mathcal{O})$ genau dann, wenn alle Primteiler von r nicht prim in $\mathcal{O}$ sind. (Falls -1 nicht in $N_\sigma(\mathcal{O})$ ist, ist höchstens eines der Elemente r und $-r \in N_\sigma(\mathcal{O})$.)

Diese Überlegungen können wir anwenden, um für alle Primzahlen zu entscheiden, ob sie in $\mathcal{O}$ Primelemente ergeben.

Proposition 3.4.

i) 2 *ist nicht prim in* $\mathcal{O} \Leftrightarrow d \not\equiv 5 \bmod 8$.

ii) $p \neq 2$ *ist nicht prim in* $\mathcal{O} \Leftrightarrow p \mid d$ *oder* $\left(\frac{d}{p}\right) = 1$.

Beweis.

i) ± 2 ist in $N_\sigma(\mathcal{O}) \Rightarrow Y^2 - dX^2 = \pm 8$ hat eine ganzzahlige Lösung (vgl. § 2, ersetze ± 1 durch ± 2). Das geht aber nur, falls $d \not\equiv 5 \bmod 8$ ist.

Umgekehrt: Falls $d = 2 \cdot d_0$ ist, ist $2 \cdot d_0 = \sqrt{d} \cdot \sqrt{d}$, und $2 \nmid \sqrt{d}$. Falls $d \equiv 3 \bmod 4$, ist $2 \mid 1 - d = (1 + \sqrt{d})(1 - \sqrt{d})$, aber $2 \nmid 1 + \sqrt{d}$ und $2 \nmid 1 - \sqrt{d}$, also: 2 ist nicht prim. Falls $d \equiv 1 \bmod 8$ ist, ist $\frac{1-d}{4}$ gerade, und somit teilt 2 das Produkt $\left(\frac{1+\sqrt{d}}{2}\right)\left(\frac{1-\sqrt{d}}{2}\right)$, aber $2 \nmid \left(\frac{1 \pm \sqrt{d}}{2}\right)$. Wieder gilt: 2 ist nicht prim.

ii) Sei $p \neq 2$. p ist nicht prim in $\mathcal{O}$ genau dann, wenn $\pm p$ in $N_\sigma(\mathcal{O})$ liegt, Sei also $p \nmid d$, und $\pm p = a \cdot \sigma a$, dann heißt das: Die Gleichung $\pm 4p = Y^2 - dX^2$ hat eine ganzzahlige Lösung, und dies heißt: d ist Quadrat mod p.

Umgekehrt: Falls $p \mid d = \sqrt{d} \cdot \sqrt{d}$, dann ist p nicht prim in $\mathcal{O}$.

Falls $p \nmid d$ und $\left(\frac{d}{p}\right) = 1$, dann gibt es x aus $\mathbb{Z}$ mit $p | x^2 - d$, also $p | (x + \sqrt{d})(x - \sqrt{d})$, und p ist nicht prim.□

Sei $m \in \mathbb{Z}$ gegeben. Falls $m' \underset{2}{=} m$, ist $\pm m \in N_\sigma(\mathcal{O})$ genau dann, wenn $\pm m' \in N_\sigma(\mathcal{O})$. Außerdem wissen wir: Falls $p|m$ und $p|d$, dann ist $\pm p \in N_\sigma(\mathcal{O})$, also ist $\pm m \in N_\sigma(\mathcal{O})$ genau dann, falls $\pm m/p \in N_\sigma(\mathcal{O})$. Zu $m \in \mathbb{Z}$ sei $m_1 \in \mathbb{Z}$ so bestimmt, daß $0 \leq w_p(m_1) \leq 1$ für alle Primzahlen p ist und $m_1 \underset{2}{=} m/\mathrm{ggT}(m,d)$ ist. Dann ist $\pm m \in N_\sigma(\mathcal{O})$ genau dann, wenn $\pm m_1 \in N_\sigma(\mathcal{O})$ ist.

Satz 3.5. *Sei* $\mathcal{O} \subset \mathbb{Q}(\sqrt{d})$ *der Ring der ganzen Elemente, sei* $\mathcal{O}$ *ein ZPE-Ring. Dann gilt:*

i) *Falls* $d < 0$ *ist, ist* $m \in N_\sigma(\mathcal{O})$ *genau dann, wenn gilt: Für alle* $p \neq 2$ *mit* $p | m_1$ *ist* $\left(\frac{d}{p}\right) = 1$, m_1 *ist positiv, und, falls* $d \equiv 5 \bmod 8$, *so ist* m_1 *ungerade.*

ii) *Sei* $d > 0$, *und* d *enthalte keinen Primteiler* $\equiv 3 \bmod 4$. *Dann ist* $-1 \in N_\sigma(\mathcal{O})$ *und es ist* $m \in N_\sigma(\mathcal{O})$ *genau dann, wenn* m_1 *ungerade ist, falls* $d \equiv 5 \bmod 8$, *und wenn für* $2 \neq p | m_1$ *folgt:* $\left(\frac{d}{p}\right) = 1$.

iii) *Sei* $d > 0$, *und* d *enthalte einen Primteiler* $p_0 \equiv 3 \bmod 4$. *Dann ist* $-1 \notin N_\sigma(\mathbb{Q}(\sqrt{d}))$, *und* $m \in N_\sigma(\mathcal{O})$ *genau dann, wenn* m_1 *ungerade ist, falls* $d \equiv 5 \bmod 8$, $\left(\frac{d}{p}\right) = 1$ *ist, falls* $p | m_1$ *für* $p \neq 2$ *und:*
$\#\{p; p | m_1$ *und* $-p \in N_\sigma(\mathcal{O})\} + \#\{p | \mathrm{ggT}(d,m); -p \in N_\sigma(\mathcal{O})\} \equiv 0$ *oder* $\equiv 1 \bmod 2$, *je nachdem, ob* $m \geq 0$ *oder* $m < 0$ *ist.*

Beweis.

i) Falls $d < 0$ ist, muß $m > 0$ sein, also auch $m_1 > 0$. Proposition 3.4 zusammen mit den Überlegungen davor liefern die Behauptung.

ii) Es ist nur noch zu zeigen: $-1 \in N_\sigma(\mathcal{O})$. Zunächst ist $-1 \in N_\sigma(\mathbb{Q}(\sqrt{d}))$, da $\left(\frac{-1,d}{\infty}\right) = 1$; und für $p | d$, $p \neq 2$ $\left(\frac{-1,d}{p}\right) = \left(\frac{-1}{p}\right) = 1$ wegen $p \equiv 1 \bmod 4$. Nach Lemma 3.3, angewendet auf $-1 = -1/1$, folgt $-1 \in N_\sigma(\mathcal{O})$.

iii) $-1 \notin N_\sigma(\mathbb{Q}(\sqrt{d}))$, da das Hilbert-Symbol $\left(\frac{-1,d}{p_0}\right)$ für p_0 mit $p_0 \equiv 3 \bmod 4$ gleich -1 ist. Also folgt: Unter den angegebenen Voraussetzungen ist entweder m oder $-m \in N_\sigma(\mathcal{O})$.

Da $m \underset{2}{=} m_1 \cdot \mathrm{ggT}(d,m)$ ist, und für jeden Primteiler p von $m_1 \cdot \mathrm{ggT}(d,m)$ gilt: Entweder p oder $-p$ liegt in $N_\sigma(\mathcal{O})$, folgt die Aussage iii).□

Mit Hilfe von Satz 3.5 kann man sich nun leicht Beispiele konstruieren, bei denen $\mathcal{O}$ kein ZPE-Ring, also insbesondere kein Hauptidealring ist.

Korollar 3.6. *Sei* $d > 0$. *Dann ist* $\mathcal{O}$ *ein Hauptidealring höchstens dann, wenn* d *prim ist oder* $d = p \cdot q$, p, q *prim und* $p \not\equiv 1 \not\equiv q \bmod 4$.

Beweis.

1. Sei $d = p_0 \cdot p_1 \cdot d'$, $d' \in \mathbb{N}$, und $p_0 \equiv 1 \bmod 4$, $p_1 \neq 2$. Sei z_0 ein quadratischer Nichtrest mod p_0, z_1 ein Nichtrest mod p_1. Sei $z \in \mathbb{Z}$ mit $z \equiv z_0 \bmod p_0$, $z \equiv z_1 \bmod p_1$, $z \equiv 1 \bmod p$, falls $p \mid d'$, $p \neq 2$ und $z \equiv 1 \bmod 8$. z ist prim zu 2d, also gibt es eine Primzahl q (nach dem Satz von Dirichlet, siehe Anhang), die diese Kongruenzen erfüllt. Es ist dann $\left(\frac{d}{q}\right) = 1$. Wäre $\mathcal{O}$ ein ZPE-Ring, so würde folgen: $\pm q \in N_\sigma(\mathcal{O})$. Da aber $\left(\frac{\pm q, p_0}{p_0}\right) = -1$ ist, ist dies ein Widerspruch.

2. Sei $d = 2 \cdot p_0$, $p_0 \equiv 1 \bmod 4$. Wähle $q \equiv 3 \bmod 8$ und so, daß $\left(\frac{q}{p_0}\right) = -1$ ist. Dann ist wieder $\left(\frac{d}{p}\right) = 1$, aber $\pm q \notin N_\sigma(\mathcal{O})$.

3. Sei $d = p_0 \cdot p_1 \cdot p_2 \cdot d'$ mit $3 \equiv p_0 \equiv p_1 \equiv p_2 \bmod 4$. Wähle q so, daß $q \equiv 1 \bmod 8$, $\left(\frac{q}{p_0}\right) = 1$, $\left(\frac{q}{p_1}\right) = \left(\frac{q}{p_2}\right) = -1$, und $\left(\frac{q}{p}\right) = 1$ für $2 \neq p \mid d'$. Dann ist wieder, da $\left(\frac{d}{q}\right) = 1$ ist, $\pm q \in N_\sigma(\mathcal{O})$, falls $\mathcal{O}$ ZPE-Ring ist. Wegen $\left(\frac{-q}{p_0}\right) = -1$ ist aber $-q \notin N_\sigma(\mathcal{O})$, und wegen $\left(\frac{q}{p_1}\right) = -1$ ist $q \notin N_\sigma(\mathcal{O})$.

4. Sei $d = 2 \cdot p_0 \cdot p_1$ mit $p_0 \equiv p_1 \equiv 3 \bmod 4$. Wähle q so, daß $q \equiv -3 \bmod 8$, $\left(\frac{q}{p_0}\right) = +1$, $\left(\frac{q}{p_1}\right) = -1$, und schließe wie oben. □

Bemerkung.

1. Es gibt 61 mögliche d mit $d = p \cdot q$, $p \not\equiv 1 \not\equiv q \bmod 4$ zwischen 1 und 500, von denen ergeben die 6 folgenden Ausnahmen keine Hauptidealringe: $d = 2 \cdot 71, 2 \cdot 127, 3 \cdot 107, 2 \cdot 163, 7 \cdot 67, 11 \cdot 43$.
2. Es ist unbekannt, ob es unendlich viele $d > 0$ mit $\mathcal{O}$ Hauptidealring gibt.

Korollar 3.7. *Falls* $d < -1$ *ist, ist* $\mathcal{O}$ *ein ZPE-Ring höchstens dann, wenn* $-d$ *eine Primzahl ist. Falls* $-d > 19$ *ist, folgt:* $-d \equiv 19 \bmod 24$; d *endet auf* 3 *oder* 7, $-d = 4q - 1$ *mit* q *Primzahl. Für* $0 < -d < 1123$ *bleiben nur* $-d = 1, 2, 3, 7, 11, 19, 43, 67, 163$ *übrig. (Diese Werte liefern nach dem berühmten Satz von Heegner-Stark gerade alle imaginärquadratischen Zahlkörper, bei denen* $\mathcal{O}$ *ein Hauptidealring ist.)*

Der Beweis des Korollars ist eine einfache Übungsaufgabe, wenn man beachtet, daß nur positive Elemente in $N_\sigma(\mathcal{O})$ liegen.

Übungsaufgaben

1. Zeige: Für $d = -11, -7, -3, -2, -1, 2, 3, 5, 13$ ist der Ring der ganzen Zahlen $\mathcal{O}$ in $\mathbb{Q}(\sqrt{d})$ euklidisch, als euklidische Funktion kann die Normfunktion genommen werden. Gibt es noch andere negative d, für die diese Aussage richtig ist?

2. Zeige, daß im Ring der ganzen Zahlen $\mathcal{O} \subset \mathbb{Q}(\sqrt{-5})$ das von 3 und $4 + \sqrt{-5}$ erzeugte Ideal kein Hauptideal ist und daß $21 = 3 \cdot 7 = (1 + 2\sqrt{-5})(1 - 2\sqrt{-5})$ wesentlich verschiedene Zerlegungen von 21 in unzerlegbare Faktoren sind.

3. Zeige: Im Ring der ganzen Zahlen von $\mathbb{Q}(\sqrt{-1})$ ist eine Primzahl $p \in \mathbb{P}$, $p \neq 2$ ein Primelement, falls $p \equiv 3 \bmod 4$, und Produkt zweier verschiedener Primelemente, falls $p \equiv 1 \bmod 4$. Dic Primzahl 2 ist das Quadrat eines Primelementes.

   Können Sie ähnliche Aussagen für $\mathbb{Q}(\sqrt{-3})$, $\mathbb{Q}(\sqrt{2})$ machen?

Anhang Der Primzahlsatz von Dirichlet

§ 1 L-Reihen und der Primzahlsatz

L-Reihen

Sei im Folgenden $m \in \mathbb{N}$ fest gewählt. Sei $\bar{\chi}: (\mathbb{Z}/m)^\times \to \mathbb{C}^\times$ ein Homomorphismus (der $(\mathbb{Z}/m)^\times$ in die Gruppe der Einheitswurzeln abbildet).

Definition. Die Abbildung $\chi: \mathbb{Z} \to \mathbb{C}$, die definiert ist durch

$$\chi(z) := \begin{cases} \bar{\chi}(\bar{z}) \;; & \operatorname{ggT}(z, m) = 1, \\ 0 \;; & \operatorname{ggT}(z, m) > 1 \end{cases}$$

heißt *Zahlcharakter* mod m.

Es gilt: Für alle $z_1, z_2 \in \mathbb{Z}$ ist $\chi(z_1 \cdot z_2) = \chi(z_1) \cdot \chi(z_2)$.

Sei s eine reelle Variable.

Definition. Für alle s, für die die Reihe $L(x, \chi) := \sum_{n=1}^{\infty} \frac{\chi(n)}{n^s}$ konvergiert, heißt $L(s, \chi)$ der Wert der L-Funktion zu χ in s.

Lemma 1. *Für* $s > 1$ ist $\sum_n \frac{\chi(n)}{n^s}$ *absolut konvergent.*

Beweis. Es ist $|\chi(n)| = \begin{cases} 0 \;; & \operatorname{ggT}(n, m) > 1 \\ 1 \;; & \operatorname{ggT}(n, m) = 1 \end{cases}$, also ist

$\sum_n \left| \frac{\chi(n)}{n^s} \right| \leq \sum_n \frac{1}{n^s}$, und diese Reihe ist bekanntlich konvergent für $s > 1$. □

Ein Zahlcharakter ist besonders ausgezeichnet: Sei $\bar{\chi}_0$ der Homomorphismus, der $(\mathbb{Z}/m)^\times$ konstant auf 1 abbildet. Dann heißt χ_0 der *Einscharakter.* Es ist

$$L(s, \chi_0) = \sum_{\substack{n \in \mathbb{N} \\ \operatorname{ggT}(n,m)=1}} \frac{1}{n^s} .$$

Euler-Produkt-Darstellung von $L(s, \chi)$:

Lemma 2. *Es ist* $L(s, \chi) = \prod_{p \in \mathbb{P}} \left(1 - \frac{\chi(p)}{p^s}\right)^{-1}$ *für* $s > 1$.

Beweis. Für $s > 1$ und $k \in \mathbb{N}$ ist

$$\prod_{p<k} \left(\frac{1}{1 - \frac{\chi(p)}{p^s}} \right) = \prod_{p<k} \left(\sum_{i=0}^{\infty} \left(\frac{\chi(p)}{p^s} \right)^i \right)$$

Indem wir ausmultiplizieren und die Multiplikativität von χ ausnützen, folgt:

$$\prod_{p<k} \left(\frac{1}{1 - \frac{\chi(p)}{p^s}} \right) = \sum_{n'} \frac{\chi(n')}{n'^s},$$

wobei n' alle natürlichen Zahlen durchläuft, die durch keine Primzahl größer als k teilbar sind. (Verwende den Satz von der eindeutigen Zerlegung in Primzahlpotenzen in $\mathbb{N}$.) Indem man k gegen ∞ gehen läßt, folgt das Lemma. □

Korollar. *Für* $s > 1$ *ist* $L(s, \chi) \neq 0$, *und es ist*

$$\log L(s, \chi) = \sum_p -\log \left(1 - \frac{\chi(p)}{p^s} \right) = \sum_p \sum_{m=1}^{\infty} \frac{\chi(p^m)}{m \cdot p^{m \cdot s}} = \sum_p \frac{\chi(p)}{p^s} + g(s, \chi)$$

mit $g(s, \chi) = \sum_p \sum_{m=2}^{\infty} \frac{\chi(p^m)}{m \cdot p^{m\,s}}$.

Die Betrachtung der Reihe $\sum_p \left(\sum_{m=2}^{\infty} \frac{\chi(p^m)}{m \cdot p^{m \cdot s}} \right)$ ergibt, daß sie sogar für $s > \frac{1}{2}$ konvergiert, und daß somit $g(s, \chi)$ durch diese Reihe als reguläre Funktion für $s > \frac{1}{2}$ dargestellt werden kann.

Der Primzahlsatz von Dirichlet

Wir wollen als Hauptsatz in diesem Anhang den Primzahlsatz von Dirichlet beweisen:

Satz. *Sei* $\text{ggT}(a, m) = 1$. *Dann gibt es unendlich viele Primzahlen in der Klasse von* $a \bmod m$.

Wir haben diesen Satz sicher bewiesen, wenn wir zeigen können, daß

$$\sum_{\substack{p \equiv a \bmod m \\ p \in \mathbb{P}}} \frac{1}{p}$$

divergent ist. Dazu genügt es zu zeigen, daß

$$\lim_{s \to 1+0} \sum_{p \equiv a \bmod m} \frac{1}{p^s} = \infty$$

ist. Sei $b \in \mathbb{Z}$ mit $a \cdot b \equiv 1 \bmod m$. Dann ist für $s > 1$ und bei Summation über alle Zahlcharaktere mod m:

$$\sum_{\chi} \chi(b) \cdot \log L(s, \chi) = \sum_{\chi} \chi(b) \left(\sum_{p} \frac{\chi(p)}{p^s} \right) + \sum_{\chi} \chi(b) \cdot g(s, \chi)$$

$$= \sum_{p} \left(\sum_{\chi} \frac{\chi(b \cdot p)}{p^s} \right) + \sum_{\chi} \chi(b) \cdot g(s, \chi).$$

Wir werden nun beweisen:

Lemma 3. *Es ist*

$$\sum_{\chi} \chi(b \cdot p) = \begin{cases} \varphi(m) \; ; & b \cdot p \equiv 1 \bmod m , \\ 0 \; ; & b \cdot p \not\equiv 1 \bmod m . \end{cases}$$

Dann folgt:

$$\sum_{\chi} \chi(b) \cdot \log L(s, \chi) = \varphi(m) \cdot \sum_{p \equiv a \bmod m} \frac{1}{p^s} + \sum_{\chi} \chi(b) \cdot g(s, \chi)$$

Wir zeigen weiter:

Lemma 4. $\lim\limits_{s \to 1+0} L(s, \chi_0) = \infty$, *und für* $\chi \neq \chi_0$ ist $L(s, \chi)$ *regulär für* $s > 0$ *mit* $L(1, \chi) \neq 0$.

Also ist

$$\lim_{s \to 1+0} \left(\varphi(m) \cdot \sum_{p \equiv a \bmod m} \frac{1}{p^s} \right) + \sum_{\chi} \chi(b) \cdot g(1, \chi) =$$

$$= \lim_{s \to 1+0} (\log L(s, \chi_0)) + \sum_{\chi \neq \chi_0} \chi(b) \cdot \log(L(1, \chi)) = \infty,$$

und daher ist $\sum\limits_{p \equiv a \bmod m} \frac{1}{p}$ divergent, der Dirichletsche Primzahlsatz folgt also aus Lemma 3 und Lemma 4.

§ 2 Beweis von Lemma 3 und Lemma 4

Alle Bezeichnungen sind aus § 1 des Anhangs übernommen. Die Menge der Zahlcharaktere bildet eine endliche abelsche Gruppe:

Seien χ_1, χ_2 zwei Zahlcharaktere mod m. Dann sei

$$(\chi_1 \cdot \chi_2)(z) := \chi_1(z) \cdot \chi_2(z).$$

Das Einselement bzgl. dieser Verknüpfung ist der Zahlcharakter χ_0, und zu χ ist χ^{-1}, gegeben durch

$$\chi^{-1}(z) = \begin{cases} \chi(z)^{-1}; & \text{ggT}(z, m) = 1 \\ 0 \quad ; & \text{sonst} \end{cases}$$

das Inverse. Folglich gilt für einen festen Zahlcharakter χ_1:

$$\sum_{\substack{\chi \text{ Zahlcharakter} \\ \text{mod } m}} \chi(z) = \sum_{\chi} \chi(z) \cdot \chi_1(z).$$

Nach dem Hauptsatz über abelsche Gruppen ist

$$(\mathbb{Z}/m)^\times = \langle x_1 \rangle \oplus \ldots \oplus \langle x_s \rangle \quad \text{mit} \quad x_i \in (\mathbb{Z}/m)^\times .$$

Seien $\zeta_1, \ldots, \zeta_s \in \mathbb{Q}^\times$ Einheitswurzeln der Ordnung $n_i = \text{ord}(x_i)$ $(i = 1, \ldots, s)$. Sei $\beta = (\beta_1, \ldots, \beta_s) \in \mathbb{Z}^s$ beliebig. Dann ist

$$\bar{\chi}_\beta \colon (\mathbb{Z}/m)^\times \to \mathbb{C}^\times ,$$

gegeben durch

$$y = x_1^{\alpha_1} \ldots x_s^{\alpha_s} \to \bar{\chi}_\beta(y) = \zeta_1^{\alpha_1 \beta_1} \ldots \zeta_s^{\alpha_s \beta_s}$$

ein Homomorphismus, und es ist $\bar{\chi}_\beta = \bar{\chi}_{\beta'}$ genau dann, wenn

$$\beta - \beta' \in n_1 \mathbb{Z} \times \ldots \times n_s \mathbb{Z}.$$

Folgerungen

1. Es gibt $|(\mathbb{Z}/m)^\times| = \varphi(m)$ verschiedene Zahlcharaktere mod m.
2. Sei $x \in (\mathbb{Z}/m)^\times$, $x \neq \bar{1}$, etwa $x = x_1^{m_1} \ldots x_s^{m_s}$, und sei (etwa) $m_1 \not\equiv 0 \bmod n_1$.

Betrachte

$$\bar{\chi}_1 \colon (\mathbb{Z}/m)^\times \to \mathbb{C}^\times ,$$

gegeben durch

$$y = x_1^{\alpha_1} \ldots x_s^{\alpha_s} \to \bar{\chi}_1(y) = \zeta_1^{\alpha_1} .$$

Dann ist $\bar{\chi}_1(x) = \zeta_1^{m_1} \neq 1$. Sei χ_1 der entsprechende Zahlcharakter mod m. Dann ist auch $\chi_1(z) \neq 1$ für alle $z \in x$.

Nun sind wir in der Lage, Lemma 3 zu beweisen.

Sei $b \cdot p \equiv 1 \bmod m$. Dann ist $\chi(b \cdot p) = 1$, und damit

$$\sum_{\chi} \chi(b \cdot p) = \sum_{\chi} 1 = \varphi(m).$$

Sei $b \cdot p \not\equiv 1 \bmod m$. Falls $\text{ggT}(bp, m) > 1$ ist, ist für alle χ $\chi(b \cdot p) = 0$, also:

$$\sum_{\chi} \chi(b \cdot p) = 0.$$

Falls $\text{ggT}(bp, m) = 1$ und $bp \not\equiv 1 \bmod m$, sei χ_1 so, daß $\chi_1(b \cdot p) \neq 1$ ist. Dann ist

$$\sum_{\chi} \chi(b \cdot p) = \sum_{\chi} \chi_1(b \cdot p)\, \chi(b \cdot p) = \chi_1(b \cdot p) \sum_{\chi} \chi(b \cdot p),$$

also muß $\sum_{\chi} \chi(b \cdot p) = 0$ sein, und Lemma 3 ist bewiesen. □

Beweis von Lemma 4.

Für $s > 1$ ist

$$\begin{aligned} L(s, \chi_0) &= \prod_{p} \left(1 - \frac{\chi_0(p)}{p^s}\right)^{-1} = \prod_{p \nmid m} \left(1 - \frac{1}{p^s}\right)^{-1} \\ &= \prod_{p} \left(1 - \frac{1}{p^s}\right)^{-1} \cdot \prod_{p \nmid m} \left(1 - \frac{1}{p^s}\right) \\ &= \left(\sum_{n=1}^{\infty} \frac{1}{n^s}\right)\left(\prod_{p \nmid m} \left(1 - \frac{1}{p^s}\right)\right) . \end{aligned}$$

Daher ist

$$\lim_{s \to 1+0} L(s, \chi_0) = \left(\lim_{s \to 1+0} \sum_{n=1}^{\infty} \frac{1}{n^s}\right)\left(\prod_{p \nmid m} \left(1 - \frac{1}{p}\right)\right) = \infty .$$

Sei nun $\chi \neq \chi_0$. Sei $V \subset \mathbb{Z}$ ein Vertretersystem mod m. Sei $z_0 \in V$, so daß $\chi(z_0) \neq 0, 1$ ist (dann ist $\bar{z}_0 \in (\mathbb{Z}/m)^{\times}$). Dann ist

$$\sum_{z \in V} \chi(z) = \sum_{z \in V} \chi(z_0) \cdot \sum_{z \in V} \chi(z),$$

also:

$$\sum_{z \in V} \chi(z) = 0.$$

Sei nun $n = q \cdot m + r$ mit $0 \leq r < m$. Dann ist

$$\left|\sum_{i=i_0}^{i_0+n} \chi(i)\right| = \left|\sum_{i=i_0}^{qm+i_0-1} \chi(i) + \sum_{i=qm+i_0}^{i_0+n} \chi(i)\right| = \left|\sum_{i=qm+i_0}^{i_0+n} \chi(i)\right| < m.$$

Daher ist für $n_2 > n_1, s > 0$:

$$\left|\sum_{i=n_1+1}^{n_2} \frac{\chi(i)}{i^s}\right| = \left|\sum_{i=n_1+1}^{n_2} \frac{\sum_{n=1}^{i} \chi(n) - \sum_{n=1}^{i-1} \chi(n)}{i^s}\right|$$

$$= \left|\frac{\sum_{n=1}^{n_2} \chi(n)}{n_2^s} - \frac{\sum_{n=1}^{n_1} \chi(n)}{(n_1+1)^s} + \sum_{i=n_1+1}^{n_2-1}\left(\sum_{n=1}^{i} \chi(n)\right)\left(\frac{1}{i^s} - \frac{1}{(i+1)^s}\right)\right|$$

$$\leq \frac{m}{n_2^s} + \frac{m}{(n_1+1)^s} + m \cdot \sum_{i=n_1+1}^{n_2-1}\left(\frac{1}{i^s} - \frac{1}{(i+1)^s}\right)$$

$$\leq \frac{m}{n_2^s} + \frac{m}{(n_1+1)^s} + m \cdot s \sum_{i=n_1}^{n_2} \frac{1}{i^{s+1}} .$$

Da für $s > 0$ $\sum_{i=1}^{\infty} \frac{1}{i^{s+1}}$ konvergiert, folgt die Konvergenz von

$$\sum_{i=1}^{\infty} \frac{\chi(i)}{i^s} = L(s, \chi) \quad \text{für} \quad s > 0.$$

Um Lemma 4 vollständig zu beweisen, müssen wir noch zeigen:

$$L(1, \chi) \neq 0 \quad \text{für} \quad \chi \neq \chi_0 .$$

Wir wissen, daß $L(s, \chi_0)$ gegen ∞ geht für $s \to 1$.

Behauptung. $\lim_{s \to 1+0} (s-1)\ L(s, \chi_0) \neq \infty$.

Beweis. Es ist $\sum_{n=1}^{N} \frac{1}{n^s} = 1 + \int_1^N \frac{1}{x^s}\,dx - s \int_1^N (x - [x]) \cdot \frac{1}{x^{s+1}}\,dx$, wobei [x] die größte ganze Zahl kleiner oder gleich x bedeutet. (Verwende partielle Integration für $\int_1^N \frac{1}{x^s}\,dx$ und die Tatsache, daß

$$-s \int_1^N [x] \cdot \frac{1\,dx}{x^{s+1}} = s \sum_{n=1}^{N-1} - \int_n^{n+1} n \cdot \frac{1\,dx}{x^{s+1}} = \sum_{n=1}^{N-1} n\left(\frac{1}{(n+1)^s} - \frac{1}{n^s}\right)$$

$$= -1 - \frac{1}{2^s} - \ldots - \frac{1}{(N-1)^s} + \frac{N-1}{N^s} \text{ ist.}$$

Definition. Für $s > 1$ sei $\zeta(s) := \sum_{n=1}^{\infty} \frac{1}{n^s}$.

Nach oben ist also

$$\zeta(s) = 1 + \int_1^\infty \frac{1}{x^s}\,dx - s \int_1^\infty \frac{x-[x]}{x^{s+1}}\,dx \quad \text{für} \quad s > 1.$$

Also ist $(s-1)\zeta(s)$ zu einer regulären Funktion für $s > 0$ fortsetzbar (durch die Definition $(s-1)\zeta(s) := (s-1) + 1 - (s-1)s \int_1^\infty \frac{x-[x]}{x^{s+1}}\,dx$) mit $\lim_{s\to 1} (s-1)\zeta(s) \neq \infty$, und daher ist auch

$$\lim_{s\to 1} (s-1)\,L(s,\chi_0) \neq \infty.$$

Wäre nun für $\chi_1 \neq \chi_0$ $L(1,\chi_1) = 0$, dann wäre $\prod_\chi L(s,\chi)$ regulär für $s > 0$ (dabei ist das Produkt über alle Zahlcharaktere mod m zu nehmen), da die einzige Polstelle für $s = 1$ von $L(s,\chi_0)$ herkommt und die Ordnung 1 hat.

Wir bilden

$$Q(s) = \sum_\chi \log L(s,\chi) = \sum_p \sum_{n=1}^{\infty} \frac{1}{n\cdot p^{n\cdot s}} \sum_\chi \chi(p^n)$$

$$= \varphi(m) \sum_{p^n \equiv 1 \bmod m} \frac{1}{n\cdot p^{n\cdot s}} = \sum_{i=1}^{\infty} \frac{a_i}{i^s}$$

$$\text{mit} \quad a_i = \begin{cases} \dfrac{\varphi(m)}{n} & \text{für} \quad i = p^n \equiv 1 \bmod m, \\ 0 & \text{sonst} \end{cases}$$

$Q(s)$ konvergiert sicher für $s > 1$. Es ist

$$\prod_\chi L(s,\chi) = e^{Q(s)} = 1 + Q(s) + \ldots + \frac{Q(s)^k}{k!} + \ldots .$$

Nun ist

$$Q(s)^k = \sum_{i=1}^{\infty} \frac{a_{i,k}}{i^s} \quad \text{mit} \quad a_{i,k} \geq 0,$$

und diese Reihe hat nur positive Glieder. Man kann also umordnen und erhält für alle $s > 0$, für die $Q(s)$ konvergiert:

$$\prod_\chi L(s,\chi) = \sum_{i=1}^{\infty} \frac{b_i}{i^s} \quad \text{mit} \quad b_i \geq 0.$$

Sei $s_0 = \inf\{s, Q(s) \text{ ist konvergent}\}$. Dann ist

$$s_0 = \inf\left\{s, \sum_{i=1}^{\infty} \frac{b_i}{i^s} \text{ ist konvergent}\right\}.$$

Behauptung.

$$s_0 \geq \frac{1}{\varphi(m)} > 0,$$

da

$$\sum_{i=1}^{\infty} \frac{a_i}{i^s} = \varphi(m) \cdot \sum_{p^n \equiv 1 \bmod m} \frac{1}{n \cdot p^{ns}}$$

für $s = \dfrac{1}{\varphi(m)}$ divergiert.

Beweis.

$$\sum_{i=1}^{\infty} \frac{a_i}{i^s} > \sum_{p \nmid m} \frac{1}{p^{\varphi(m) \cdot s}}$$

also folgt für $s = \dfrac{1}{\varphi(m)}$:

$$\sum \frac{a_i}{i^s} > \sum_{p \nmid m} \frac{1}{p} = \sum_{p} \frac{1}{p} - \sum_{p \nmid m} \frac{1}{p}.$$

Es ist

$$\frac{1}{1 - \frac{1}{p}} > 1 + \frac{1}{p} + \ldots + \left(\frac{1}{p}\right)^n,$$

also:

$$\prod_{p<M} \left(1 - \frac{1}{p}\right)^{-1} > \prod_{p<M} \left(1 + \frac{1}{p} + \ldots + \frac{1}{p^n}\right).$$

Wähle n so groß, daß $2^n > M$ ist; daraus folgt:

$$\prod_{p<M} \left(1 - \frac{1}{p}\right)^{-1} > \sum_{i<M} \frac{1}{i},$$

also divergiert

$$\prod_{p<M} \left(1 - \frac{1}{p}\right)^{-1} \quad \text{für} \quad M \to \infty.$$

Es ist

$$\log\left(\prod_{p<M}\left(1-\frac{1}{p}\right)^{-1}\right)-\sum_{p<M}\frac{1}{p}$$

$$=\sum_{p<M}\left(-\log\left(1-\frac{1}{p}\right)-\frac{1}{p}\right)<\sum_{p<M}\frac{1}{2}\,\frac{\left(\frac{1}{p}\right)^2}{\left(1-\frac{1}{p}\right)}<\frac{1}{2},$$

also divergiert auch

$$\sum_{p<M}\frac{1}{p} \quad \text{für} \quad M\to\infty.$$

Um Lemma 4 zu beweisen, müssen wir jetzt noch zeigen: $\prod_{\chi} L(s,\chi)$ hat in s_0 eine Polstelle.

Es ist für $s > s_0$

$$f(s) := \prod_{\chi} L(s,\chi) = \sum_{i=1}^{\infty}\frac{b_i}{i^s}$$

differenzierbar, und man kann die Ableitung gliedweise berechnen:

$$f^{(k)}(s) = \sum_{i=1}^{\infty}\frac{b_i(-\log i)^k}{i^s}\quad .$$

Für $s > s_1 > s_0$ hat man also die Taylorentwicklung

$$f(s) = \sum_{n=0}^{\infty}\frac{(s-s_1)^k}{k!}\left(\sum_{i=1}^{\infty} b_i\,\frac{(-\log i)^k}{i^{s_1}}\right).$$

Falls $f(s)$ in s_0 regulär wäre, müßte diese Entwicklung für geeignetes s_1 auch für $s < s_0$ konvergieren, also müßte

$$\sum_{k=0}^{\infty}\frac{1}{k!}(s_1-s)^k\left(\sum_{i=1}^{\infty} b_i\,\frac{(\log i)^k}{i^{s_1}}\right)$$

konvergieren. Dabei sind alle Glieder der Doppelreihe positiv, man darf also umordnen, und daher wäre auch

$$\sum_{i=1}^{\infty}\frac{b_i}{i^{s_1}}\left(\sum_{k=0}^{\infty}\frac{1}{k!}(s_1-s)^k(\log i)^k\right) = \sum_{i=1}^{\infty}\frac{b_i}{i^{s_1}}\,e^{(s_1-s)\log i} = \sum_{i=1}^{\infty}\frac{b_i}{i^s}$$

konvergent, was wegen $s < s_0$ ein Widerspruch ist. □

Literaturverzeichnis

[1] *A. Aigner:* Zahlentheorie, de Gruyter, Berlin und New York 1975.

[2] *T. M. Apostel:* Introduction to Analytic Number Theory; Springer, Heidelberg 1976.

[3] *P. Bachmann:* Das Fermatproblem in seiner bisherigen Entwicklung; Reprint. Springer, Berlin 1976.

[4] *Z. I. Borevič – I. R. Šafarevič:* Zahlentheorie; Birkhäuser, Basel und Stuttgart 1966.

[5] *K. Chandrasekharan:* Einführung in die Analytische Zahlentheorie; Lecture Notes in Math. 29, Springer, Berlin und Heidelberg 1966.

[6] *K.-B. Gundlach:* Einführung in die Zahlentheorie; Bibliographisches Institut, Mannheim 1972.

[7] *H. Hasse:* Zahlentheorie; Akademie Verlag, Berlin 1963. Engl. Ausgabe: Number Theory; Grundlehren 229, Springer, Berlin und Heidelberg 1980.

[8] *E. Hecke:* Vorlesungen über die Theorie der algebraischen Zahlen;Reprint. Chelsea, New York 1970.

[9] *H. Koch – H. Pieper:* Zahlentheorie; Berlin 1976.

[10] *E. Landau:* Foundations of Analyses; Reprint. Chelsea, New York 1951.

[11] *F. Lorenz:* Quadratische Formen über Körpern; Lectures Notes in Math. 130, Springer, Berlin und Heidelberg 1970.

[12] *P. Roquette:* p-adische Zahlen; Manuskript

[13] *J. P. Serre:* Cours d'Arithmétique; Hermann, Paris 1970.

[14] *W. Sierpiński:* Elementary Theory of Numbers; Verlag der Akademie, Warschau 1964.

[15] *B. L. v. d. Waerden:* Algebra I; Heid. Taschenbuch 12, Springer, Berlin und Heidelberg 1971.

[16] *H. G. Zimmer:* Computational Problems, Methods, and Results in Algebraic Number Theory; Lecture Notes in Math. 262, Springer, Berlin und Heidelberg 1972.

Namen- und Sachverzeichnis

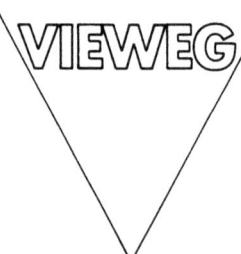

MIX
Papier aus verantwortungsvollen Quellen
Paper from responsible sources
FSC® C105338

If you have any concerns about our products,
you can contact us on
ProductSafety@springernature.com

In case Publisher is established outside the EU,
the EU authorized representative is:
Springer Nature Customer Service Center GmbH
Europaplatz 3, 69115 Heidelberg, Germany

Printed by Libri Plureos GmbH
in Hamburg, Germany